周 期 表

族/周期	10	11	12	13	14	15	16	17	18
1									4.003 $_2$He ヘリウム $1s^2$ 24.59
2				10.81 $_5$B ホウ素 $[He]2s^2p^1$ 8.30　2.0	12.01 $_6$C 炭素 $[He]2s^2p^2$ 11.26　2.5	14.01 $_7$N 窒素 $[He]2s^2p^3$ 14.53　3.0	16.00 $_8$O 酸素 $[He]2s^2p^4$ 13.62　3.5	19.00 $_9$F フッ素 $[He]2s^2p^5$ 17.42　4.0	20.18 $_{10}$Ne ネオン $[He]2s^2p^6$ 21.56
3				26.98 $_{13}$Al アルミニウム $[Ne]3s^2p^1$ 5.99　1.5	28.09 $_{14}$Si ケイ素 $[Ne]3s^2p^2$ 8.15　1.8	30.97 $_{15}$P リン $[Ne]3s^2p^3$ 10.49　2.1	32.07 $_{16}$S 硫黄 $[Ne]3s^2p^4$ 10.36　2.5	35.45 $_{17}$Cl 塩素 $[Ne]3s^2p^5$ 12.97　3.0	39.95 $_{18}$Ar アルゴン $[Ne]3s^2p^6$ 15.76
4	58.69 $_{28}$Ni ニッケル $[Ar]3d^84s^2$ 7.64　1.8	63.55 $_{29}$Cu 銅 $[Ar]3d^{10}4s^1$ 7.73　1.9	65.38 $_{30}$Zn 亜鉛 $[Ar]3d^{10}4s^2$ 9.39　1.6	69.72 $_{31}$Ga ガリウム $[Ar]3d^{10}4s^2p^1$ 6.00　1.6	72.63 $_{32}$Ge ゲルマニウム $[Ar]3d^{10}4s^2p^2$ 7.90　1.8	74.92 $_{33}$As ヒ素 $[Ar]3d^{10}4s^2p^3$ 9.81　2.0	78.97 $_{34}$Se セレン $[Ar]3d^{10}4s^2p^4$ 9.75　2.4	79.90 $_{35}$Br 臭素 $[Ar]3d^{10}4s^2p^5$ 11.81　2.8	83.80 $_{36}$Kr クリプトン $[Ar]3d^{10}4s^2p^6$ 14.00　3.0
5	106.4 $_{46}$Pd パラジウム $[Kr]4d^{10}$ 8.34　2.2	107.9 $_{47}$Ag 銀 $[Kr]4d^{10}5s^1$ 7.58　1.9	112.4 $_{48}$Cd カドミウム $[Kr]4d^{10}5s^2$ 8.99　1.7	114.8 $_{49}$In インジウム $[Kr]4d^{10}5s^2p^1$ 5.79　1.7	118.7 $_{50}$Sn スズ $[Kr]4d^{10}5s^2p^2$ 7.34　1.8	121.8 $_{51}$Sb アンチモン $[Kr]4d^{10}5s^2p^3$ 8.64　1.9	127.6 $_{52}$Te テルル $[Kr]4d^{10}5s^2p^4$ 9.01　2.1	126.9 $_{53}$I ヨウ素 $[Kr]4d^{10}5s^2p^5$ 10.45　2.5	131.3 $_{54}$Xe キセノン $[Kr]4d^{10}5s^2p^6$ 12.13　2.7
6	195.1 $_{78}$Pt 白金 $[Xe]4f^{14}5d^96s^1$ 8.61　2.2	197.0 $_{79}$Au 金 $[Xe]4f^{14}5d^{10}6s^1$ 9.23　2.4	200.6 $_{80}$Hg 水銀 $[Xe]4f^{14}5d^{10}6s^2$ 10.44　1.9	204.4 $_{81}$Tl タリウム $[Xe]4f^{14}5d^{10}6s^2p^1$ 6.11　1.8	207.2 $_{82}$Pb 鉛 $[Xe]4f^{14}5d^{10}6s^2p^2$ 7.42　1.8	209.0 $_{83}$Bi ビスマス $[Xe]4f^{14}5d^{10}6s^2p^3$ 7.29　1.9	(210) $_{84}$Po ポロニウム $[Xe]4f^{14}5d^{10}6s^2p^4$ 8.42　2.0	(210) $_{85}$At アスタチン $[Xe]4f^{14}5d^{10}6s^2p^5$ 9.5　2.2	(222) $_{86}$Rn ラドン $[Xe]4f^{14}5d^{10}6s^2p^6$ 10.75
7	(281) $_{110}$Ds ダームスタチウム $[Rn]5f^{14}6d^97s^1$	(280) $_{111}$Rg レントゲニウム $[Rn]5f^{14}6d^{10}7s^1$	(285) $_{112}$Cn コペルニシウム $[Rn]5f^{14}6d^{10}7s^2$	(278) $_{113}$Nh ニホニウム $[Rn]5f^{14}6d^{10}7s^2p^1$	(289) $_{114}$Fl フレロビウム $[Rn]5f^{14}6d^{10}7s^2p^2$	(289) $_{115}$Mc モスコビウム $[Rn]5f^{14}6d^{10}7s^2p^3$	(293) $_{116}$Lv リバモリウム $[Rn]5f^{14}6d^{10}7s^2p^4$	(293) $_{117}$Ts テネシン $[Rn]5f^{14}6d^{10}7s^2p^5$	(294) $_{118}$Og オガネソン $[Rn]5f^{14}6d^{10}7s^2p^6$

152.0 $_{63}$Eu ユウロピウム $[Xe]4f^76s^2$ 5.67　1.2	157.3 $_{64}$Gd ガドリニウム $[Xe]4f^75d^16s^2$ 6.15　1.2	158.9 $_{65}$Tb テルビウム $[Xe]4f^96s^2$ 5.86　1.2	162.5 $_{66}$Dy ジスプロシウム $[Xe]4f^{10}6s^2$ 5.94　1.2	164.9 $_{67}$Ho ホルミウム $[Xe]4f^{11}6s^2$ 6.02　1.2	167.3 $_{68}$Er エルビウム $[Xe]4f^{12}6s^2$ 6.11　1.2	168.9 $_{69}$Tm ツリウム $[Xe]4f^{13}6s^2$ 6.18　1.2	173.0 $_{70}$Yb イッテルビウム $[Xe]4f^{14}6s^2$ 6.25　1.1	175.0 $_{71}$Lu ルテチウム $[Xe]4f^{14}5d^16s^2$ 5.43　1.2	ランタノイド
(243) $_{95}$Am アメリシウム $[Rn]5f^77s^2$ 6.0　1.3	(247) $_{96}$Cm キュリウム $[Rn]5f^76d^17s^2$ 6.09　1.3	(247) $_{97}$Bk バークリウム $[Rn]5f^97s^2$ 6.30　1.3	(252) $_{98}$Cf カリホルニウム $[Rn]5f^{10}7s^2$ 6.30　1.3	(252) $_{99}$Es アインスタイニウム $[Rn]5f^{11}7s^2$ 6.52　1.3	(257) $_{100}$Fm フェルミウム $[Rn]5f^{12}7s^2$ 6.64　1.3	(258) $_{101}$Md メンデレビウム $[Rn]5f^{13}7s^2$ 6.74　1.3	(259) $_{102}$No ノーベリウム $[Rn]5f^{14}7s^2$ 6.84　1.3	(262) $_{103}$Lr ローレンシウム $[Rn]5f^{14}6d^17s^2$	アクチノイド

GENERAL CHEMISTRY

一般化学

芝原 寛泰・斉藤 正治【共著】

化学同人

「大学への橋渡しシリーズ」刊行にあたって

　高等学校で十分に化学を学ばずに理系学部・学科に進学する学生の増加が懸念されて久しい．さらに，現行の高等学校学習指導要領によると，高等学校「化学基礎」の単位数が減少し，「化学」の一部分野は選択制になっている．この指導要領のもとで高等学校教育を受けた学生の大学への入学時期が2006年であり，これが2006年問題と呼ばれていることはご存じであろう．

　大学への橋渡しシリーズは，上記のような大学教育が迎える状況をふまえたうえで，大学教育の質的確保が最重要課題であるという認識のもとに編纂されている．シリーズとして「一般化学」「有機化学」「生化学」の3種類を用意し，あらゆる学習形態に対応できるようにした．

　本シリーズは，大学1年生に行われる導入レベルの授業を念頭において執筆されたものであるが，高校課程の内容を教える，いわゆる「補講」にも対応可能である．また，基礎的内容に限定しているが，専門課程につながるように意図されている．

　本シリーズの具体的な特色はつぎの通りである．

◆高校・大学それぞれの教員による緻密なコラボレーション

　準備段階において，高校・大学それぞれの立場からつきつめた議論と検討を行い執筆を開始した．執筆過程でもさらに意見を交換することにより，「高等学校の化学」と「大学基礎レベルの化学」のギャップや重複を克服した．このことにより，学習者がスムーズに大学基礎レベルの「化学」まで到達し，それを習得することが可能となった．

◆高等学校「化学基礎」「化学」の知識を前提としない内容構成

　高校で「化学基礎」しか履修していない学生，さらには高校で化学をまったく学習せずに入学する学生でも十分に対応できるよう，「高等学校の化学の知識を前提としない」というコンセプトのもとで執筆した．ただし，たんに高等学校の「化学基礎」「化学」の内容を網羅的に配列するのではなく，あくまで大学で学ぶ「化学」の基礎となる内容に絞り，学習者・指導者の多様な要求に応えるようにした．また，数式による説明はできるだけ避け，一部は欄外の「one rank up !」にゆずるなど，なるべく数学的知識を前提とせず読めるよう執筆した．

◆豊富なたとえ話と例題

　学習の目的や位置づけを見失うことのないよう，身近な内容の「たとえ話」を随所に用いた．また，学習内容を定着させるために多くの例題を配置した．それぞれの例題には懇切な解答と解説を添え，学習者の便宜を図った．さらに章末問題ではやや広い視野での問題を扱い，応用力の養成を意図した．

著　者

はじめに

　大学への橋渡しシリーズのうちの一冊である本書により，学習内容に連続性と系統性をくみ取っていただくだけでなく，読者の意識が「覚える化学」から「考える化学」へ変わることになれば，本書刊行の目的は達成されたといえる．

　本書「一般化学」は，大学1年生に行われる導入レベルの授業を念頭において執筆されたものであるが，高校課程の内容を教える，いわゆる「補講」にも対応可能である．基礎的内容に限定したが，専門課程の物理化学にもつながるように意図されている．

　また，学習者の数学の理解度を考慮し，数学の知識が必要な章をなるべく後ろに配置した．そのため，通常の章構成とは違い，熱力学的内容は8章および最終章の9章におかれている．ただし，学習の順序は適宜入れ替えることも可能となるように配慮した．

　本書の執筆にあたり，化学同人編集部　大林史彦氏には，本書にかかわる重要なコンセプトの形成の際，高校から大学にいたる化学教育上の問題点を把握された貴重な発言と的確な指示をいただいた．終始，編集に尽力されたことも含め深く感謝いたします．

2006年2月

著　者

目　次

1章　化学の基礎と原子の構造　　1

- 1.1 化学の基礎 …………………… 1
  - 混合物と純物質の違い　1
  - 化合物と単体はどう違うのか　2
  - 元素は化学の基本　3
  - 同じ元素からできているのが同素体　4
  - 元素は原子の種類を表す　4
  - 原子がくっついて分子になる　5
  - 原子が電子を受け渡すとイオンになる　6
  - イオンが集まるとイオン結晶をつくる　7
  - 組成式は比を表す　7
- 1.2 原子はどんな構造をしているか ……… 8
  - 原子を構成する粒子たち　8
  - 同じ元素だが中性子の数と重さが違うのが同位体　9
  - 元素を順に並べると周期表ができる　9
- 1.3 四つの量子数で電子の住所を示す …… 10
  - 量子論のはじまり　10
  - 波動方程式で電子のふるまいを解く　11
  - 原子殻を表す主量子数(n)　12
  - 副量子数(l)で軌道を分類　12
  - 回転の向きを示すスピン量子数(s)　13
  - 四つ目の量子数が磁気量子数(m)　13
  - 電子の住所　14
  - 軌道のエネルギー　14
- 1.4 いろいろな電子軌道の形 ………… 15
  - 原子軌道は範囲を示している　15
  - まん丸なs軌道　16
  - 鉄アレイ型のp軌道と四つ葉型のd軌道　17
- 1.5 電子の入る順序の決まり方 ……… 17
  - 水素($_1$H)からホウ素($_5$B)までの電子配置　17
  - 炭素($_6$C)からスカンジウム($_{21}$Sc)までの電子配置　19
- 章末問題　22
- コラム　花火は巨大なスケールの炎色反応実験　12

2章　化学結合　　23

- 2.1 分子軌道で考える共有結合 ……… 23
  - ルイスが考えた共有結合の定義　23
  - 原子軌道を拡張した分子軌道の考え方　24
  - 原子軌道の一次結合　24
  - s軌道，p軌道がつくる分子軌道　24
  - 分子軌道ができるには　25
  - 原子軌道の重なりが結合力を決める　26
  - 分子軌道の具体例を見る　27
  - 不対電子の数が原子価である　27
- 2.2 混成軌道を導入して結合を理解する … 28
  - sp混成軌道が混成軌道の代表例　28
  - 三つの軌道が混成するsp^{2}混成軌道　29
  - 四つの軌道が混成すればsp^{3}混成軌道ができる　31
  - 電荷の偏りが極性をつくる　31
  - 分子全体に広がる非局在軌道　32
- 2.3 静電引力で結びつくイオン結合 …… 33
  - コッセルによるイオン結合の定義　33
  - 陽イオンへのなりやすさを示すイオン化ポテンシャル　34
  - 陰イオンへのなりやすさを示す電子親和力　35
  - イオン半径，イオン間距離　36
  - イオン結合と共有結合の関係　37
  - 電気陰性度は電子対を引きつける強さ　37
- 2.4 自由電子で結びつく金属結合 ……… 39
  - 金属結合が金属の性質を決める　39
- 2.5 弱いが重要な二次結合 …………… 40

電荷の偏りが引き起こす水素結合　40
　ファンデルワールス力　42

章末問題　43
コラム　タイタニック号を沈めた水素結合　41

3章　化学反応と量的関係　45

3.1　化学反応における量の表現のしかた … 45
　原子量は原子の重さを表す　45
　原子の数を示すアボガドロ数　46
　アボガドロ数個をひとまとまりと考える物質量　46
　分子量は分子の相対質量を表す　47
　イオン性物質の相対的な質量は式量で表す　47
　モル濃度　48
　気体の体積と物質量の関係　49

3.2　化学反応式で物質の変化を表現する … 50
　化学反応式の本質　50
　化学反応式のつくり方　50
　化学反応式の根拠となる法則　52

3.3　化学反応式と物質の量の関係 ……… 52
　係数の比は物質量の比　52
　矛盾をはらんだ気体反応の法則　54
　アボガドロの分子説が矛盾を解明　54

章末問題　55
コラム　50年もかかった分子説の受け入れ　54

4章　物質の三態　57

4.1　理想気体と実在気体 ……………… 57
　現実には存在しない理想気体　57
　数種類の気体が混ざった状態　58
　気体の分子運動が圧力を生じさせる　59

4.2　実在気体の理想気体からのずれを考える
　…………………………………… 61
　実在気体の状態方程式　61
　理想気体からのずれを表すZ因子　63

4.3　状態図から物質の三態を理解する …… 63
　相の関係を示す状態図　63
　ギブズの相律　65
　固体から液体や気体への状態変化──融解と昇華　66
　液体から気体への状態変化──蒸発と気液平衡　66

4.4　固体の構造を見る ……………… 67
　固体の結晶構造のいろいろ　67

4.5　IT技術を支える半導体 …………… 69
　半導体の構造と性質　69
　不純物が混ざっていない真性半導体　70
　2種類の半導体──n型半導体とp型半導体　70

4.6　液体・溶液の特徴と希薄溶液の性質 … 72
　液体は固体と気体の中間　72
　何かが混ざると蒸気圧が降下し沸点は上昇する　72
　何かを混ぜると凝固点が下がる　75
　生物も利用している浸透圧　77
　分子より少し大きいコロイド　77

章末問題　79
コラム　気体分子の占める体積　62
コラム　ブラウン運動の発見と原子論の確立　78

5章　反応速度　81

5.1　反応速度を定義する ……………… 81
　反応速度の要因は濃度だけではない　81
　反応速度の表し方　82

5.2　反応速度を式で表す ……………… 83
　反応速度と濃度の関係　83
　反応次数と反応式は無関係　84
　律速段階で速度が決まる　85
　反応速度と化学平衡　85

5.3　活性化エネルギーを超えると反応が起こる
　…………………………………… 87
　活性化状態を経て反応が生じる　87
　反応を起こすのに必要な活性化エネルギー　87
　触媒の役割とそのしくみ　89
　触媒が活性化エネルギーを下げる　90

章末問題　91
コラム　反応速度と濃度の関係は難しい　86
コラム　活性化エネルギーを求めるのは重労働　88

目次 vii

6章　酸と塩基　93

6.1 酸・塩基を化学的に定義する …… 93
　生活のなかの酸性と塩基性　93
　酸と塩基の化学的な定義　94
　酸と塩基の価数　94
　酸や塩基の強弱は何で決まるか　94

6.2 酸塩基の電離と電離平衡 …………… 95
　電離度の求め方　95
　多価の酸や塩基は段階的に電離する　96
　弱酸・弱塩基の電離平衡　96

6.3 pH は水素イオン濃度から定義される
　………………………………………… 98
　水のイオン積はつねに一定　98
　酸塩基の水溶液の水素イオン濃度　99
　酸や塩基の強さを数値で表す pH　100

　pH によって色が変わる指示薬　101
　弱酸・弱塩基の pK_a, pK_b　101

6.4 酸と塩基が結びつく中和反応 ……… 102
　中和反応の定義　102
　中和反応の量的関係を計算する　102
　中和滴定の実験方法　103
　pH の変化がわかる滴定曲線　104
　酸塩基の定義の拡張　104
　共役酸・共役塩基　105
　さらに拡張されたルイスの定義　106
　三つの定義のまとめ　107

章末問題　107
コラム　身近にある物質の pH　99
コラム　酸性雨が降るしくみ　106

7章　酸化と還元　109

7.1 酸化と還元を定義する …………… 109
　酸素と水素の授受による定義　109
　電子の授受による定義　110
　酸化数による定義　111
　酸化還元の定義のまとめ　113

7.2 代表的な酸化剤と還元剤 ………… 114
　酸化剤と還元剤の定義　114
　酸化還元反応のつくり方　114

7.3 金属のイオン化傾向と電池の基礎 … 115
　陽イオンへのなりやすさを示すイオン化列　115
　定量的に電位差を表す標準電極電位　116
　電池の原理　118
　いまは使われないダニエル電池　119

章末問題　120
コラム　電極の名前のつけ方　118

8章　熱力学の法則　121

8.1 熱力学から何がわかるか ………… 121
　「系」が熱力学の基本概念　121
　系の状態を表す 2 種類の変数　122
　見かけは同じ平衡状態と定常状態　122

8.2 熱力学第一法則から導かれる新しい概念
　………………………………………… 123
　熱力学第一法則の導入　123
　日常の言葉とは意味が違う仕事，熱の概念　124
　可逆過程における仕事の計算　126

8.3 エンタルピーを導入してエネルギーを
　　　 考える ……………………………… 127
　エンタルピー関数の導入　127
　定圧比熱と定容比熱　128
　エンタルピー変化の求め方　129
　熱化学の考え方　130
　標準生成エンタルピー　133

　結合のエンタルピー　135
　固体が溶けるときの熱力学　136

8.4 エントロピーを導入し熱力学第二法則を
　　　 表現する …………………………… 138
　エントロピーを導入し，反応の方向を予測する　138
　エントロピー関数を状態方程式にあてはめる　138
　状態変化に伴うエントロピー変化　139
　定圧下におけるエントロピー変化　140
　混合エントロピー　141
　可逆過程に置きかえて不可逆過程のエントロピー変化
　　　を求める　142
　乱雑さの増加がエントロピーの増加　143

8.5 エントロピーの原点を示す熱力学第三法則
　………………………………………… 144
　熱力学第三法則の導入　144
　化学変化におけるエントロピー変化　144

章末問題　145
コラム　熱とは何か　125

コラム　身の回りで見られる発熱反応，吸熱反応　132

9章　化学平衡　147

9.1　自由エネルギー関数で変化を予測する　147
自由エネルギー関数の導入　147
ヘルムホルツの自由エネルギー　149
自由エネルギー関数による反応の予測　150
相平衡における自由エネルギー変化　150

9.2　化学反応の自由エネルギー変化を考察する　152
標準生成自由エネルギー　152
自由エネルギー関数と化学平衡　153
自発的に起こる反応を自由エネルギー変化から調べる　154

9.3　平衡定数と自由エネルギー　155
平衡定数を定義する　155
平衡定数を圧力で表す　156
理想気体がもつ自由エネルギーの考察　156
平衡定数を用いて自由エネルギーを表す　157

9.4　物質の活力を表す化学ポテンシャル　158
化学ポテンシャルの導入　158

章末問題　159
コラム　化学平衡からずれるとどうなる？　154

参考文献　161

索　引　163

1章
化学の基礎と原子の構造

　化学は，物質の性質と変化を研究する学問である．物質の性質を調べるには，さまざまな物質が混ざったものから純粋な物質を抽出する必要がある．そのような努力の積み重ねを経て，物質は何種類かの成分(元素)からできていることがわかり，その成分の具体的な姿は原子であることがわかった．さらに，原子は陽子，中性子，電子を構成成分とする粒子であることも判明し，それらの微粒子の性質を研究することで，物質の性質に対する理解はさらに深まった．

　この章では，原子の構造と電子の配置やそのエネルギー状態について学び，物質を理解するための基礎を築いていこう．

1.1　化学の基礎

混合物と純物質の違い

　自然界に存在する土や岩など，物質の多くは何種類かの成分物質がいろいろな割合で混じりあったものであり，このような物質を**混合物**という．たとえば，空気は窒素や酸素などの成分物質の混合物であり(図1.1)，海水は塩化ナトリウムなどの成分物質が水に溶解した混合物である(図1.2)．この場合，水も成分物質の一つである．

　一方，窒素，酸素，塩化ナトリウム，水などは1種類の成分物質からできているので，**純物質**という．

　混合物から純物質を取りだす方法を**分離**といい，分離には蒸留，ろ過，昇華，抽出，再結晶，クロマトグラフィーなどがある．これらの分離方法は物理変化を用いる方法である．以下，それぞれ簡単に説明していこう．

　蒸留は成分物質間の沸点の差を利用して，沸点の低い方の物質を気体として取りだす方法である．この方法で，海水から純水を取りだすことができる(図1.3)．ろ過は液体と固体をこし分ける方法である．砂の混じった水から砂を取り除くときなどに使う(図1.4)．昇華は昇華性の有無を利用

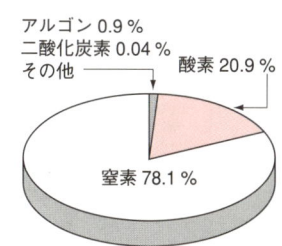

図1.1　乾燥空気の成分
水蒸気は状態により変化するので省いてある．

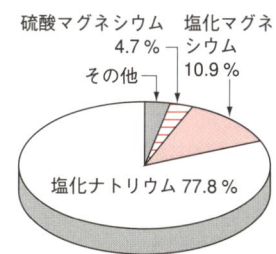

図1.2　海水中の溶質成分
全塩類の質量パーセントは約3%である．

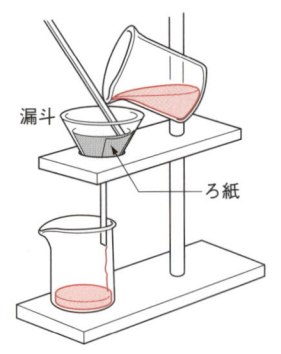

図 1.4 ろ過の様子

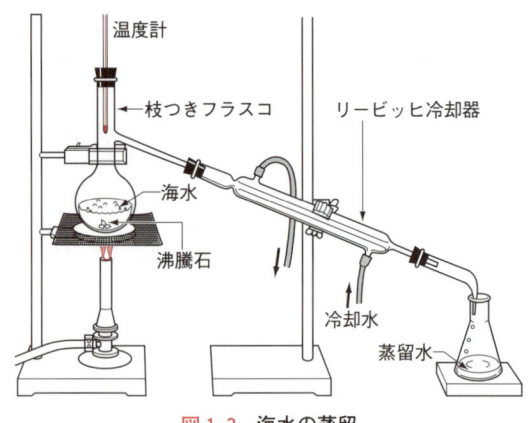

図 1.3 海水の蒸留

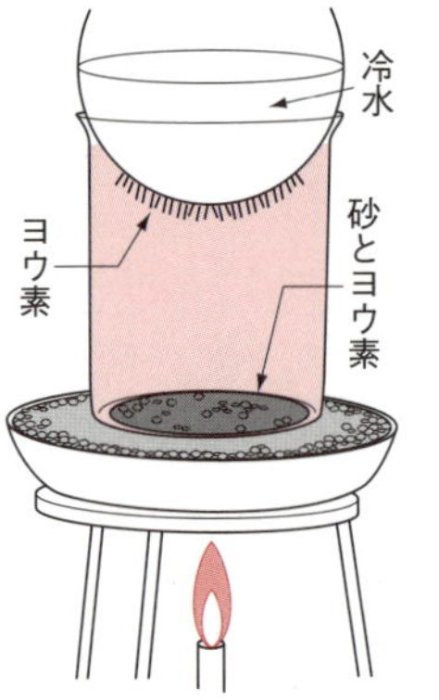

図 1.5 ヨウ素の昇華
フラスコの冷水によって冷やされたヨウ素が，ビーカーの底に析出する．

して，昇華性のある固体物質を気体として分離する方法である．昇華によって，砂の混じったヨウ素から純粋なヨウ素を得ることができる(図1.5)．抽出は特定の溶媒への溶解性の大小を利用して分離する方法である．紅茶の葉に熱湯を注ぎ，紅茶の成分を熱湯中に取りだすのが一つの例である(図1.6)．**再結晶**は溶解度の温度変化の大きい固体物質を，温度操作によって溶液から析出分離する方法である．たとえば，不純物として塩化ナトリウムを含む硝酸カリウムを熱水に溶かし，その溶液を冷却すると硝酸カリウムの結晶のみが得られる．**クロマトグラフィー**は特定物質に対する吸着性の大小を利用して，その特定物質中に混合物溶液を一定方向へ流すことで分離する方法である．サインペンの黒インクをろ紙につけ，展開溶液をろ紙上の一定方向に流すとインクの成分色素が分離される．

化合物と単体はどう違うのか

純物質をさらに詳しく調べると，電気分解などの化学的方法で2種類以上の成分に分解できる塩化ナトリウムや水など(これらを**化合物**という)と，2種類以上の成分(元素という)に分解できない窒素や酸素など(これらを**単体**という)に分類することができる．化合物を単体に分解するには化学変化を用いなければならない．

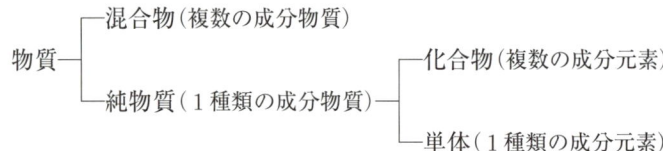

図 1.6 紅茶の抽出

以上から，物質はつぎのように分類できる．

```
         ┌ 混合物（複数の成分物質）
物質 ─┤                                    ┌ 化合物（複数の成分元素）
         └ 純物質（1種類の成分物質）─┤
                                               └ 単体（1種類の成分元素）
```

例題1.1 つぎの物質について，混合物，純物質，化合物，単体に属する

ものすべてをあげよ．
①石油　②鉄　③水　④牛乳　⑤水素
⑥二酸化炭素　⑦アンモニア　⑧塩素　⑨塩酸
⑩硫酸

【解答】　混合物①④⑨　純物質②③⑤⑥⑦⑧⑩
化合物③⑥⑦⑩　単体②⑤⑧

《解説》　混合物：①石油は，炭化水素（炭素と水素の種々の化合物）を成分物質とする混合物である．④牛乳は，水にタンパク質や油脂などが溶けている混合物（水溶液）である．⑨塩酸は，塩化水素という化合物の水溶液である．
化合物：③水は，水素と酸素の2種類の元素からできている．⑥二酸化炭素は，炭素と酸素の2種類の元素からできている．⑦アンモニアは，水素と窒素の2種類の元素からできている．⑩硫酸は，水素，酸素，硫黄の3種類の元素からできている．
単体：②鉄，⑤水素，⑧塩素は単体であり，いずれも1種類の元素からできている．

元素は化学の基本

物質の基本的な構成成分を**元素**という．化合物は2種類以上の元素からできている物質，単体は1種類の元素のみからできている物質ということもできる[*1]．現在，109種類の元素が確認されている．そして，そのそれぞれに記号がついており，これを元素記号という（表1.1）．この元素記号を用いて物質を表したものが**化学式**である．

単体と元素は，同じ言葉で呼ぶことも多く，混同しがちである．たとえば，「酸素」という言葉で，単体の酸素を表す場合と，元素としての酸素を表す場合がある．単体は実際に存在する物質（空気に含まれる窒素や酸素）そのものを，元素はそういった物質を構成している成分（たとえば，水の成分としての酸素）を表していると考えればよい．

[*1] 元素の種類は，後述の原子の種類に対応していると考えてもよい．

例題1.2　つぎの各文において，下線の語は単体，元素のいずれの意味で用いられているか答えよ．
(1) 水を電気分解すると水素と酸素が得られる．
(2) 骨には多くのカルシウムが含まれている．
(3) 炭素と酸素を化合させると二酸化炭素が生じる．
(4) 水は水素と酸素からできている．
(5) 赤血球には鉄が含まれている．

【解答】(1) ともに単体　　(2) 元素　　(3) ともに単体
(4) ともに元素　　(5) 元素

《解説》(1) 気体の水素と酸素が得られる．図1.7はその装置である．
(2) 骨にはカルシウムの化合物が含まれているのであって，単体のカルシウムは存在しない．
(3) 単体の炭素（黒鉛）を単体の酸素と反応させると化合物の二酸化炭素が生じる．
(4) 水は水素という元素と酸素という元素を成分としている．化合物の水のなかに単体の水素や酸素が存在するわけではない．
(5) 赤血球中のヘモグロビンという分子に，鉄の元素が含まれている．

表1.1　元素記号と元素名

元素名	元素記号	英語
水素	H	Hydrogen
ヘリウム	He	Helium
炭素	C	Carbon
窒素	N	Nitrogen
酸素	O	Oxygen
リン	P	Phosphorus
硫黄	S	Sulfur
塩素	Cl	Chlorine
ナトリウム	Na	Sodium
マグネシウム	Mg	Magnesium
アルミニウム	Al	Aluminum
鉄	Fe	Iron
銅	Cu	Copper

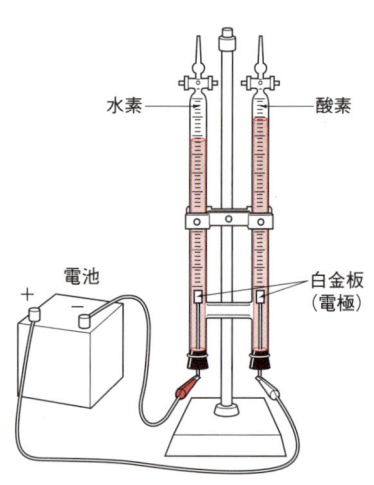

図1.7　水の電気分解
電気伝導性をよくするために水酸化ナトリウムを少量加えている．

one rank up !

フラーレン

フラーレンと呼ばれる物質は何種類か存在するが，いずれも最近見つかった新しい物質である．代表的な C_{60} は炭素原子60個が結合して，サッカーボールのような形の分子をつくっている．

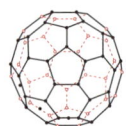

同じ元素からできているのが同素体

同一の元素からできていても性質が異なる単体が存在する場合がある．たとえば黒鉛，ダイヤモンド，フラーレンはいずれも炭素という元素からできている物質であるが，性質が違う．こういう関係を互いに「同素体」であるという（表1.2）．

元素は原子の種類を表す

元素という言葉は何を表しているのだろう．「元素」は物質を構成する粒

表1.2 同素体の例

元素	同素体	色	分子式（分子の場合）
C	ダイヤモンド	無色	
C	黒鉛	灰黒色	
C	すす	黒色	
C	フラーレン		C_{60}
O	酸素	無色	O_2
O	オゾン	淡青色	O_3
P	黄リン	淡黄色	P_4
P	赤リン	赤褐色	
S	斜方硫黄	黄色	S_8
S	単斜硫黄	淡黄色	S_8
S	ゴム状硫黄	濃褐色	

子(これを原子という)の種類を表す言葉である．逆に，元素としての性質を示す物質的な最小単位が原子であるともいえる．

たとえば，単体の鉄の成分元素は鉄(Fe)であるが，具体的にはきわめて多数の鉄の原子が単体としての鉄を構成している．すなわち「原子」は，さまざまな物質を構成している具体的な粒子を表す言葉である．

水素原子1個の大きさ(直径)はおよそ1×10^{-10} m程度である．この原子を1g集めると，そのなかに存在する原子の個数は1×10^{23}個程度となる．これだけの原子を一直線に並べると

$$1 \times 10^{-10} \times 1 \times 10^{23} = 1 \times 10^{13} \text{ m} = 1 \times 10^{10} \text{ km}$$

となり，地球〜太陽間の距離[*2]の約70倍の長さになる．1gがこんなにも長くなるのである．

原子がくっついて分子になる

酸素，水素，水，二酸化炭素などの物質は，いくつかの原子が結びついた粒子がその物質としての性質を示す最小単位となっている．このような粒子を分子という．

酸素分子は酸素原子が2個結びついた分子なので，O_2という記号で表す．水素分子は，同様にH_2のように表す．水分子は酸素原子1個と水素原子2個が結びついておりH_2O[*3]，二酸化炭素分子は炭素原子1個と酸素原子2個が結びついているのでCO_2と表す．このように分子を元素記

[*2] 1.5×10^8 km

one rank up !

分子を構成する原子の数
分子は構成する原子の数により二原子分子，三原子分子，多原子分子などと分類される．周期表18族元素(希ガス元素ともいう)のヘリウムやアルゴンは原子1個で分子とみなされるので，単原子分子という．

[*3] 原子の数が1個のときは1を省略するので，H_2O_1ではなくH_2Oと表す．

表1.3　単体と化合物の分子式

分子	分子式	分子	分子式
水素	H_2	ネオン	Ne
一酸化炭素	CO	塩素	Cl_2
二酸化炭素	CO_2	塩化水素	HCl
窒素	N_2	水	H_2O
酸素	O_2	硫化水素	H_2S
オゾン	O_3	メタン	CH_4
フッ素	F_2	アンモニア	NH_3

号で表した化学式を**分子式**という（表1.3）．

原子が電子を受け渡すとイオンになる

　塩化ナトリウム（食塩の主成分）を水に溶かすと，その水溶液は電気をよく通す．このような，水に溶かしたときに電気をよく通す物質は，正または負の電荷をもった粒子を構成成分としている．その電荷をもった粒子をイオンといい，プラスの電荷をもつイオンを陽イオン，マイナスの電荷をもつイオンを陰イオンと区別する．

　原子は，電子をもっている．したがって，原子から電子がとれるとプラスの電荷を帯びる．これが**陽イオン**である．陽イオンは，とれた電子の個数と＋の記号を組み合わせて Na^+，Ca^{2+}，Al^{3+} のように表す[*4]．

　逆に，原子に電子が加わるとマイナスの電荷を帯びる．これが**陰イオン**である．陰イオンは原子が得た電子の個数と－の記号を組み合わせて Cl^-，O^{2-} のように表す．たとえば，Na^+ は Na 原子が電子 e^- を1個なくした状

> **one rank up！**
> **電子**
> マイナスの電荷をもつ粒子で，e^- という記号で表される．また，e は電子のもつ電気量の絶対値（電気素量という）も表している．

[*4] 電子の数が1個のときは1を省略するので，Na^{1+} ではなく Na^+ と表す．

表1.4　イオンの名称とその式

陽イオン	イオン式	陰イオン	イオン式
水素イオン	H^+	塩化物イオン	Cl^-
ナトリウムイオン	Na^+	ヨウ化物イオン	I^-
カリウムイオン	K^+	水酸化物イオン	OH^-
銅（I）イオン	Cu^+	硝酸イオン	NO_3^-
アンモニウムイオン	NH_4^+	炭酸水素イオン	HCO_3^-
マグネシウムイオン	Mg^{2+}	酸化物イオン	O^{2-}
カルシウムイオン	Ca^{2+}	硫化物イオン	S^{2-}
亜鉛イオン	Zn^{2+}	炭酸イオン	CO_3^{2-}
鉄（II）イオン	Fe^{2+}	硫酸イオン	SO_4^{2-}
銅（II）イオン	Cu^{2+}	クロム酸イオン	CrO_4^{2-}
アルミニウムイオン	Al^{3+}	リン酸イオン	PO_4^{3-}
鉄（III）イオン	Fe^{3+}		

態の原子であり，Cl^- は Cl 原子が電子 e^- を 1 個得た状態の原子である．イオンの名称については，表1.4を参照のこと．

なくしたり得たりした電子 e^- の個数をイオンの**価数**という．たとえばカルシウムイオン Ca^{2+} は 2 価の陽イオン，酸化物イオン O^{2-} は 2 価の陰イオンである．Ca^{2+} や O^{2-} のように，元素記号と授受した電子の個数を用いてイオンを表す化学式を**イオン式**という．また，複数の原子が集まって(原子団という)イオンになる場合がある．このようなイオンを多原子イオンという．多原子イオンには，硫酸イオン SO_4^{2-} などがある．

イオンが集まるとイオン結晶をつくる

塩化ナトリウムでは，陽イオンのナトリウムイオン Na^+ と陰イオンの塩化物イオン Cl^- とが図1.8のように規則的に配列している．このような固体を**イオン結晶**という．分子のように小数の原子が一つの粒子を構成するのではなく，たくさんの原子が集まって一つの粒子を構成する．また，イオン結晶では，陽イオンと陰イオンとの電荷の総量が等しく，全体として電気的に中性になっている．

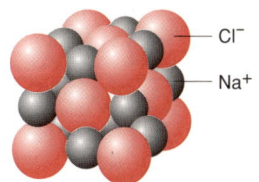

図1.8 塩化ナトリウムの単位格子

組成式は比を表す

塩化ナトリウムのように，分子をつくらずにイオン結晶をつくる物質については，陽イオンと陰イオンの数がもっとも簡単な比になるような化学式でその物質を表す．このような化学式を**組成式**という．たとえば塩化ナトリウムでは，$Na^+ : Cl^- = 1 : 1$ の比になっているから，NaCl*5 と表す．塩化カルシウムは Ca^{2+} と Cl^- からできている．電荷の比が 2 : 1 であるから，電気的中性を保つために，イオンの個数の比は，$Ca^{2+} : Cl^- = 1 : 2$ になる．この場合，組成式は $CaCl_2$ のように表す．

*5 比が 1 のときは 1 を省略するので，Na_1Cl_1 ではなく NaCl と表す．

例題1.3 つぎの陽イオンと陰イオンとの組合せでできる，すべてのイオン結晶の組成式を示し，その名称を答えよ．
陽イオン：Ca^{2+}，Al^{3+}
陰イオン：OH^-，SO_4^{2-}，PO_4^{3-}

【解答】

	Ca^{2+}	Al^{3+}
OH^-	$Ca(OH)_2$ (水酸化カルシウム)	$Al(OH)_3$ (水酸化アルミニウム)
SO_4^{2-}	$CaSO_4$ (硫酸カルシウム)	$Al_2(SO_4)_3$ (硫酸アルミニウム)
PO_4^{3-}	$Ca_3(PO_4)_2$ (リン酸カルシウム)	$AlPO_4$ (リン酸アルミニウム)

☞ one rank up !
イオンの名前
例題1.3にでてくるイオンの名前はつぎの通り．
Ca^{2+}：カルシウムイオン
Al^{3+}：アルミニウムイオン
OH^-：水酸化物イオン
SO_4^{2-}：硫酸イオン
PO_4^{3-}：リン酸イオン

《解説》 多原子イオンが複数の場合はイオン式全体を( )でくくる．たとえば，Al^{3+} と SO_4^{2-} では電荷の比が 3：2 だから，イオンの個数の比は 2：3 になる．よって，組成式は $Al_2(SO_4)_3$ となる．

名称はつぎのように考える．陽イオン名はそのまま用いる（～イオンの「イオン」は省く）．陰イオンのうち「～酸イオン」となっているものは，そのまま用いる（たとえば，硫酸イオン SO_4^{2-} は「硫酸」と，リン酸イオン PO_4^{3-} は「リン酸」という名をつける．陰イオンのうち「～化物イオン」となっているもの（Cl^-，OH^- など）は，「物」は省いて用いる．

1.2 原子はどんな構造をしているか

原子を構成する粒子たち

ここでは，原子がどういう構造をしているかを説明しよう．原子を構成するのは三つの基本的粒子，すなわち**陽子**と**中性子**と**電子**である．これらのうち，陽子と中性子で原子核というかたまりをつくっていて，電子はそのまわりに存在する．表1.5に粒子，陽子，中性子，電子の絶対静止質量を示す．

それぞれの原子は電気的には中性を保っている．基本的粒子のうち，電子は負に，陽子は正に帯電しているが，中性子はその名前が示すように中性（帯電していない）である．一つの原子のなかでは電気的に中性が保たれていることから，陽子と電子は同じ数だけ存在することがわかる．

原子の質量は，表1.5からわかるように，原子殻を構成する陽子と中性子が大半を占めており，電子は陽子と中性と比べると，とても軽い．したがって，原子の質量は，陽子と中性子の質量の和だと考えてもよい．

ここで，「**質量数**」と「**原子番号**」という言葉を導入しよう．質量数とは，陽子と中性子の数の和を表す．よって，必ず整数値となる．原子番号は原子中の陽子の数を示している．ということは，原子中の電子の数にも等しいはずである．図1.9に元素記号と同時に質量数と原子番号も表示する方法を示す．Xは元素記号，A は質量数，Z は原子番号である．元素記号の左上に質量数，左下に原子番号を記すきまりになっている．

$^A_Z X$

図1.9 質量数と原子番号
Xは元素記号．質量数 A を左上に，原子番号 Z を左下につける．

表1.5 陽子・中性子・電子の質量

	絶対静止質量(kg)
陽　子	1.6726×10^{-27}
中性子	1.6749×10^{-27}
電　子	9.1094×10^{-31}

同じ元素だが中性子の数と重さが違うのが同位体

同位体とはつぎのように定義される.

> **同位体の定義**：同じ原子番号(すなわち, 同じ陽子数, 電子数)をもつが, 質量数が異なる原子を互いに同位体という

水素原子を例に考えてみよう. 水素には同位体が3種類あり, それぞれの陽子数, 中性子数, 電子数を表1.6に示す. 重水素と三重水素の質量数が, 水素のそれぞれ2倍, 3倍になっているのは, 中性子の数が増えているためであることがわかるだろう. ヘリウム(He)の同位体も表1.6に示した. なお, それぞれの同位体は陽子と電子の数が等しいので, 化学的な性質はほぼ同じと考えてもよい.

☞ **one rank up!**
水素の同位体
陽子(プロトン)一つのみから構成される水素はプロチニウムと呼ばれる. 重水素は記号Dで表されジュウテリウム, 三重水素は記号Tで表されトリチウムと呼ばれる.

表1.6 水素・ヘリウムの同位体

	陽子	中性子	電子
水素 $_1^1\text{H}$	1	0	1
重水素 $_1^2\text{H}$	1	1	1
三重水素 $_1^3\text{H}$	1	2	1
$_2^3\text{He}$	2	1	2
$_2^4\text{He}$	2	2	2

例題1.4 リチウム(Li)には, $_3^6\text{Li}$と$_3^7\text{Li}$の2種類の同位体がある. それぞれに含まれる陽子, 中性子および電子の数を求めよ.

【解答】
	陽子	中性子	電子
$_3^6\text{Li}$	3	3	3
$_3^7\text{Li}$	3	4	3

《解説》 $_3^6\text{Li}$は質量数6, 原子番号3であり, $_3^7\text{Li}$は質量数7, 原子番号3である. 陽子数は原子番号に等しいので, いずれも陽子数は3である. 質量数から陽子数を引けば中性子数が得られる.

☞ **one rank up!**
メンデレーエフ
元素を分類するのに原子量の順にならべ, 同じ列にはよく似た化学的性質をもつ元素がくるように63種類の元素(当時, 発見されていた元素)を配列した. 1869年にメンデレーエフがつくったこの表には, いくつかの空欄があったが, 彼が予想した原子量, 化学的性質をもつ元素がつぎつぎと発見され, 空欄が埋められていった.

元素を順に並べると周期表ができる

元素を原子番号の順に並べると, 化学的性質の似た元素が周期的に現れる. これを元素の**周期律**という. 周期律で説明できる性質は多くあり, 後に述べる原子価, イオン化エネルギー, 電子親和力, 電気陰性度などがそれにあたる. この周期を利用して, 同じような性質の元素が上下に並ぶように元素を並べたものを, 元素の**周期表**という. この周期表は, 化学を学

☞ **one rank up!**
周期表
本書の表紙の裏に周期表をつけた. 原子の構造および電子配置から周期表をながめるとさまざまな情報が得られるので, よく見ていただきたい.

習する上で，基本中の基本となるものであるといえる．

　周期表の縦方向には族と呼ばれる性質の似た元素が配置され，1族から18族までに分けられている．同じ族に属する元素は同族体とよばれ，電子の配置(後述)が似ている．水素を除く1族の元素はアルカリ金属，2族のなかのCaからRaまでの元素はアルカリ土類金属，17族はハロゲン元素，18族は希ガス元素(不活性元素)と呼ばれている．

1.3　四つの量子数で電子の住所を示す

量子論のはじまり

　19世紀末から20世紀初頭にかけ，物理学の分野において科学史上，重要な発見が相次いだ．そのきっかけとなったのが，スペクトルの研究である．物質を高温で加熱すると**原子スペクトル**と呼ばれる光が発生し，その光を詳細に観察することによって，原子のなかで起こっているエネルギー変化がわかり，そこから原子中の電子配置に関する情報が得られた．さらに原子スペクトルを詳細に分析すると，異なる波長をもつ微細構造[*6]を含むことも明らかになった．これはスペクトルが発光する際に起こる原子内でのエネルギー変化の多様性を示している[*7]．

　これらを説明するため「**量子論**」の考えが導入された．物体のもつエネルギーは量子というものを単位として，その整数倍で表され，したがってエネルギー変化も整数倍の大きさで起こり，連続的に変化するわけではないという考え方である．さらに，原子スペクトルも原子内のエネルギー変化と関係があるので，ある特定の振動数をもつ放射線が原子スペクトルに関与していると考えた．すると，エネルギーの量子をE，放射線の振動数をνとすれば

$$E = h \times \nu$$

と表せる．ここで，hはプランク定数と呼ばれる値である．アインシュタインは，一般的に振動数νの放射線を放出あるいは吸収して，エネルギーがE_1からE_2に変化したとすると

$$E_1 - E_2 = nh\nu \tag{1.1}$$

の関係があるとした．ここで，nは整数である．この考えをボーアは水素原子のなかでのエネルギー変化にも適用した．すなわち，電子は特定のいくつかの軌道に沿って運動し定常状態を保っているとした．ここで，それぞれの電子のエネルギーの大きさ(これをエネルギー準位という)と定常状態の関係に注目すると，電子がある軌道から別の軌道に移る際のエネルギー準位の差が，放射線すなわち原子スペクトルというかたちになって表れ

[*6] 物質を高い温度で加熱すると得られる物質固有の鋭い帯状のスペクトルは，線スペクトルと呼ばれる．たとえば，固体の食塩をバーナーで強熱して得られる光には線スペクトルが含まれており，多くの波長の異なる光から成り立っている．これが，観測されるスペクトルの微細構造に相当する．

[*7] 物質は，加熱されるとよりエネルギーの高い状態になるが，低いエネルギー状態に戻るときに多くの緩和過程がある．これは原子内に多くのエネルギー状態が存在することを意味している．これが原子内のエネルギー変化の多様性であり，原子固有の電子配置の状態を反映している．

ボーア
(デンマーク：1885〜1962)

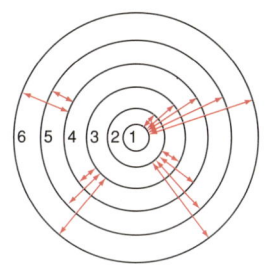

図1.10 ボーアの原子モデル
軌道に沿って電子が円運動すると働く遠心力と，原子核からの静電気的な力がつり合い安定して軌道上を周回する（定常状態）という古典的なモデルに基づいている．

ると考えることができる（図1.10）．それを式で表したのが式(1.2)である．

$$\Delta E = E_{n-1} - E_n = h\nu \tag{1.2}$$

ここで，E_{n-1}，E_n はある状態の電子がもつエネルギーである．

以上より，水素原子のスペクトルについては，観測結果を説明することができた．しかし，ボーアの原子モデルは，水素のような電子が一つの場合には適用できたが，電子の数が多くなると適用できなくなった．

波動方程式で電子のふるまいを解く

アインシュタインの光量子説（one rank up !「光電効果」を参照）をきっかけに，波である光が粒子性をもつのなら，粒子である電子が波動性をもつと考えた人がいた．さらに，波動性をもつ電子のふるまいは**波動方程式**で表現できるとして，シュレーディンガーが次式を提唱した．

$$\frac{\partial^2 \Psi}{\partial x^2} + \frac{\partial^2 \Psi}{\partial y^2} + \frac{\partial^2 \Psi}{\partial z^2} + \frac{8\pi^2 m}{h^2}(W - V)\Psi = 0 \tag{1.3}$$

ここで，W は系の全エネルギー，V は電子の位置エネルギー，m は電子の質量，h はプランク定数，∂ は偏微分を表す演算子である．この波動方程式によって，電子のもつ二重性（波動性と粒子性）がうまく関連づけられた．

そして，種々のエネルギー準位を区別，分類するため，多くの量子数が導入され考察されるようになった．式(1.3)の波動方程式を水素原子の場合に適用すると，4種類の量子数がでてくる．この4種類の量子数の組合せにより，電子が存在する軌道を示すことができるのである．それでは，その4種類の量子数について順に見ていこう．

☞ **one rank up !**
光電効果

金属に光を照射すると電子が飛びだす．この現象を光電効果という．飛びだす電子のエネルギーは照射した光の振動数に関係する．また，照射する光の強度を大きくすると飛びだす電子の数が増えるが，電子のエネルギーは大きくならない．この関係をアインシュタインは式(1.2)を用いて表し「光は$h\nu$（ν は振動数，h はプランク定数）のエネルギーをもつ粒子としてふるまう」という光量子説を提唱した．

☞ **one rank up !**
偏微分

2変数以上を含む関数を微分する場合として，たとえば，x，y の2変数を含む微分可能な関数 $U(x, y)$ の微分を考える．2変数のうちどちらかを固定（定数と見なす）して他の変数で微分する．y を定数とみなし，関数 U を変数 x で微分する場合

$$\lim_{\Delta x \to 0} \left(\frac{\Delta U}{\Delta x}\right) = \left(\frac{\partial U}{\partial x}\right)_y$$

と表す．右下の添え字 y は定数であることを示す．演算子 ∂ は偏微分を示す記号である．

> one rank up !
> **波動関数**
> 波動方程式中のΨは波動関数と呼ばれ，その絶対値の2乗($|\Psi|^2$)は粒子(この場合は電子に相当)の存在確率を示す．後述する軌道の形は式(1.3)を用いて求めることができる．一般に式(1.3)は電子1個をもつ水素原子の場合のみしか厳密な解は得られない．

原子殻を表す主量子数(n)

ボーアの原子モデル(図1.10)のそれぞれの軌道に割りあてられた量子数が**主量子数**nである．原子核にもっとも近い軌道を$n=1$として，順に$n=2, 3, 4$……のように正の整数値で示す．また，$n=1, 2, 3, 4$を，それぞれ K, L, M, N 殻 (shell) とも呼ぶ．それぞれの殻に入ることのできる電子の数は決まっている．いいかえると，同じ主量子数をもつ電子の数には制限があり，それぞれの殻に入る電子の最大数は$2n^2$で表される(表1.7)．たとえば，主量子数nが5のときは，$2n^2 = 2 \times 5^2 = 50$個が最大電子数となる．

表1.7 それぞれの殻に入ることのできる電子の数

主量子数	1	2	3	4	……
殻の名前	K	L	M	N	……
最大電子数	2	8	18	32	……

副量子数(l)で軌道を分類

先に述べた主量子数で表される原子殻はさまざまな軌道が集まったものであり，その殻のなかには多くの軌道が含まれる．そこで，それぞれの殻を構成している軌道を分類するのに**副量子数**が使われる．副量子数で示される軌道には円軌道だけでなく楕円軌道もあるので，方位量子数とも呼ばれる．それぞれのnの値に対してlの値には上限があり，lは$n-1$の値までしかとることができない．また，$l = 0, 1, 2, 3$をそれぞれ s, p, d, f

---

花火は巨大なスケールの炎色反応実験

夏の夜空に打ち上げられる花火の色を化学の目で見ると，炎色反応が巧みに利用されていることがわかる．花火に使われる原料は，実験室で見かける薬品と実はほとんど同じなのである．美しい色をだすには特定の化合物(発色剤に相当)を，酸化剤(酸素を供給して高温での反応をうながす)に混ぜ，さらに火薬によって高く打ち上げなければならない．酸化剤による燃焼で高いエネルギー状態になった化合物は，より低いエネルギー状態に戻るとき，含まれる元素に固有の光を放つのである．

一般に，酸化剤には過塩素酸カリウムなどが用いられる．また，発色剤として，たとえば赤色をだすにはストロンチウムを含む化合物(炭酸ストロンチウム，硝酸ストロンチウムなど)，黄色にはナトリウムの化合物(シュウ酸ナトリウムなど)が用いられる．これを炎色反応という．これらの化合物を適度に配合することによって，微妙に色を変化させることもできる．

花火の打ち上げは，夏の夜空を実験室とした，壮大な炎色反応実験ともいえよう．

表1.8 主量子数と副量子数で決まる軌道

主量子数 副量子数	1 (K殻)	2 (L殻)	3 (M殻)	4 (N殻)
0 (s軌道)	1s	2s	3s	4s
1 (p軌道)		2p	3p	4p
2 (d軌道)			3d	4d
3 (f軌道)				4f

軌道と呼ぶ.

　主量子数と副量子数との関係を表1.8に示す.それぞれの軌道名は1sのように主量子数と副量子数を並べて表現する.同じ量子数をもつ電子が複数ある場合は,たとえば$1s^2$のように,右上にその数を記す(1個の場合の1は省略する).

回転の向きを示すスピン量子数(s)

　パウリは電子の配置を考える上で,つぎのような規則を提案した.
「一つの原子のなかで,任意の二つの電子が,量子数のすべてについて一致した値をもつことはできない」
これを パウリの排他律 といい,この原理を適用するため「電子スピン」の概念が導入された.すなわち,電子は自身の軸のまわりで回転運動(歳差運動)をしており,それには右向きと左向きの回転があると考えた.この回転の向きを スピン量子数 という.2種類のスピンは上向きと下向きの矢印(↑↓)で表される場合もある.

　　スピン量子数 $s = +1/2$(右まわり)または $-1/2$(左まわり)

　パウリの排他律によれば,それぞれの軌道に,同じ量子数をもつ電子が二つ以上入ることはできない.よって,一つの軌道にある二つの電子は異なるスピン量子数をもつことになる.

パウリ
(スイス:1900〜1958)

四つ目の量子数が磁気量子数(m)

　たとえば主量子数 n が2のとき,その殻には8個の電子が収容可能であることは先に説明した.この8個の電子のうち,2個は2s軌道に,6個は2p軌道に収容される.ところが,パウリの排他律により,6個の電子が異なった量子数をもつには2p軌道をさらに細分化する必要がある.

　ここで2p軌道を三つに分け,そのそれぞれに異なったスピン量子数をもつ二つの電子が収容されれば,パウリの排他律に触れることはない.このように副量子数で表される軌道をさらに細分化するのに使われるのが 磁

気量子数であり，たとえば，2p 軌道は $2p_x$, $2p_y$, $2p_z$ の三つに分けることができる．3p 軌道も 4p 軌道も，同様に三つに分ける．そして d 軌道は五つに，f 軌道は七つに分ける．

磁気量子数 m は，それぞれの l に対して，

$$-l, \ -l+1, \ -l+2, \ \cdots\cdots, \ 0, \ \cdots\cdots, \ +l-1, \ +l$$

の $(2l+1)$ 個の異なった値をとる．具体的には

$l = 0$(s 軌道)のときは　　$m = 0$
$l = 1$(p 軌道)のときは　　$m = -1, \ 0, \ +1$
$l = 2$(d 軌道)のときは　　$m = -2, \ -1, \ 0, \ +1, \ +2$

の値をとることができる．磁気量子数と呼ばれるのは，外部の磁場の影響により軌道面が変わるためである．

電子の住所

以上の4種類の量子数を用いて，電子が収容される軌道を表現することができる．表1.9に四つの量子数と軌道の関係を示す．

この4種類の量子数を用いて，電子の所在場所(住所)を表現できる．たとえていうなら，主量子数により都道府県が，副量子数により市町村が，磁気量子数により通りの名前が，スピン量子数により番地が決まり，一つの住所が特定されるといえるだろうか．一つの住所には一人の住人しか住めないことに注意しよう．

軌道のエネルギー

ある軌道に存在する電子のもつエネルギーを考えてみよう．電子は負電荷をもつので，正電荷をもつ原子核に引っぱられているが，原子核から遠い軌道ほど，その影響は少ない．この原子核による束縛のエネルギーが電子のもつ位置エネルギーであり，これに運動のエネルギーを加えると，電

表 1.9　四つの量子数の関係

n	1	2				3								
l	0	0	1			0	1			2				
m	0	0	-1	0	$+1$	0	-1	0	$+1$	-2	-1	0	$+1$	$+2$
s	$+\frac{1}{2}$ $-\frac{1}{2}$	$+\frac{1}{2}$ $-\frac{1}{2}$	$+\frac{1}{2}$ $-\frac{1}{2}$	$+\frac{1}{2}$ $-\frac{1}{2}$	$+\frac{1}{2}$ $-\frac{1}{2}$	$+\frac{1}{2}$ $-\frac{1}{2}$	$+\frac{1}{2}$ $-\frac{1}{2}$	$+\frac{1}{2}$ $-\frac{1}{2}$	$+\frac{1}{2}$ $-\frac{1}{2}$	$+\frac{1}{2}$ $-\frac{1}{2}$	$+\frac{1}{2}$ $-\frac{1}{2}$	$+\frac{1}{2}$ $-\frac{1}{2}$	$+\frac{1}{2}$ $-\frac{1}{2}$	$+\frac{1}{2}$ $-\frac{1}{2}$
	2	8				18								

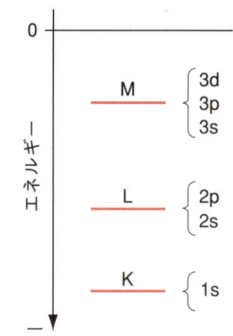

図1.11 軌道のエネルギー

子のもつ全エネルギーとなる.

原子核の束縛をうけない状態の電子のもつエネルギーをゼロとして, 主量子数および副量子数で決まる軌道のもつエネルギーを図1.11に示す. 各軌道に入る電子のもつエネルギーはマイナスで表され, エネルギーが小さいほど安定である.

例題1.5 主量子数 n が3のとき, 他の量子数がとることのできる値を示せ.

【解答】 副量子数 $l = 0, 1, 2$

磁気量子数 $m = -2, -1, 0, +1, +2$

スピン量子数 $s = +1/2$ または $-1/2$

《解説》 副量子数は $l = 0, 1, 2$ の3種類が可能. $l = 2$ のとき, 磁気量子数 m は $-2, -1, 0, +1, +2$ の5種類が可能. 同様に, $l = 1$ のときは3種類, $l = 0$ のときは1種類が可能である. それぞれの磁気量子数 m に対して2種類のスピン量子数 ($+1/2, -1/2$) をあてはめると, 合計18種類の量子数の組合せが可能になる. これは, M殻 ($n = 3$) に電子が18個入ることの証明にもなっている.

1.4 いろいろな電子軌道の形

原子軌道は範囲を示している

ボーアのモデル (図1.10) では, 「原子核のまわりを負に帯電した小さな粒子が一定の軌跡を描いて運動している」とされた. しかし量子力学の発展とともに, この考えは改められ, 電子は原子核のまわりにある一定の領域に存在するものと考えられ, この領域を**原子軌道** (atomic orbital) とした. さらに, 原子軌道の形, すなわち電子の存在する場所を示す軌道 (orbital)

は，「電子の存在確率の分布」を表していると考える．すでに述べたように，波動関数 Ψ の絶対値の2乗($|\Psi|^2$)を求めることにより，この電子の存在確率の分布を知ることができる．それでは，副量子数によって定められる，s，p，d 軌道について，それぞれの形を見ていこう．

まん丸な s 軌道

s 軌道は球の形をしている．一般に，ns 軌道(n は主量子数)は $(n-1)$ の節面をもつ．たとえば，1s 軌道($n=1$ のとき)は節面をもたないし，2s 軌道($n=2$ のとき)は一つの節面をもつ．

その様子を図1.12に示す．1s 軌道は球形[*8]であり，その中心(原子核)のところが，もっとも存在確率が高くなっている[*9]．

電子が存在する空間を立体的に示すと図1.13のようになる．原子の中心に原子核があり，主量子数と副量子数できまる軌道が 1s 軌道，2s 軌道，3s 軌道，……の順に配置している．ただし，2s 軌道などでは節の部分を省略し，図1.12(b)の最外殻の円軌道だけを示している．

図1.13は，便宜上，軌道の境界面を外周として軌道の形を描いたものであり，電子が境界面上を動いているわけではない．図1.12のように，電子の存在を示す確率分布の様子から，軌道を「電子雲」ということもある．

ここで，電子の広がりと原子核の大きさの関係を見てみよう．一般に，原子核の周囲に存在する電子の広がりを原子の大きさと考える．そこで，原子核の大きさをピンポン玉にたとえると，電子の広がりはなんと甲子園球場の大きさに相当する．原子の質量は，原子核が大半を占めている(表1.5)が，逆に原子の体積はほとんどが電子の広がりで占められていることがわかるだろう．

原子の大きさ(電子の広がり)はどのくらいの大きさかというと，それを約1億倍に拡大すると直径約3cmの球の大きさになり，さらに1億倍す

> **one rank up !**
> **節　面**
> 節面とは，電子の確率分布がゼロの場所(電子の存在しないところ)のこと．

[*8] 平面状に見えるかもしれないが，立体的であることに注意．

[*9] 図1.12は電子の分布状態を平面に投影したものなので，この図は直径方向が最も空間の広い中心部分となっていることを表している．原子核の付近に電子が集中しているわけではないことに注意．

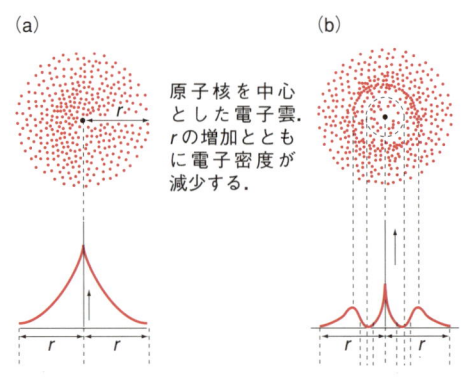

図1.12　1s および 2s 軌道の電子の分布図
(a) 1s 軌道　(b) 2s 軌道
横軸：原子核からの距離，縦軸：電子密度

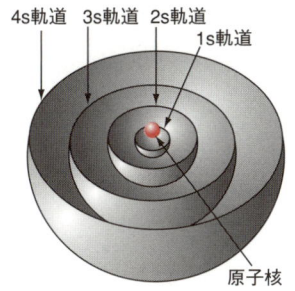

図1.13 s軌道の分布
原子核を中心として主量子数で決まる円軌道の分布.

ると月の大きさになる程度の大きさである.

鉄アレイ型のp軌道と四つ葉型のd軌道

p軌道は球対称ではなく,原子核からの距離と方角に依存した独特の形をしている.図1.14に2p軌道の形を示す.2p軌道は,磁気量子数により$2p_x$, $2p_y$, $2p_z$の三つに分けられるが,三つの軌道の形はまったく同じで,また同じエネルギーをもっている[*10].ただしx, y, z方向に依存した分布をしており,この形が後に説明される結合の方向性に大きく作用する.2p軌道における電子の確率分布の様子を,$2p_z$軌道を例に図1.15に示す.前述のように,電子は決して2p軌道の境界面を周回しているわけではないことに注意してほしい.

d軌道の形はさらに複雑になる.図1.16に示すようにd軌道には5種類あり,すべて同じエネルギーをもっている.後に述べる遷移元素が関与する化学的性質は,これらのd軌道が関係している.

[*10] これを「縮重している」という.

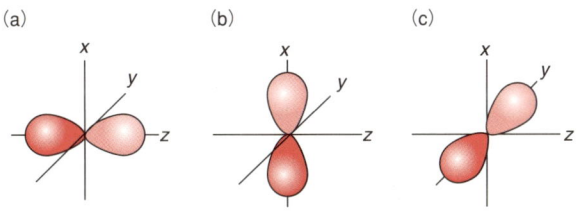

図1.14 2p軌道の形
(a) $2p_z$軌道 (b) $2p_x$軌道 (c) $2p_y$軌道

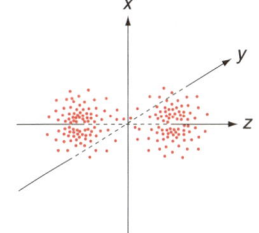

図1.15 $2p_z$軌道の電子分布

1.5 電子の入る順序の決まり方

水素($_1$H)からホウ素($_5$B)までの電子配置

ここまで,4種類の量子数を使って原子中における電子の軌道(電子の存在する範囲)を表すことを述べてきた.つぎのステップとして,各元素

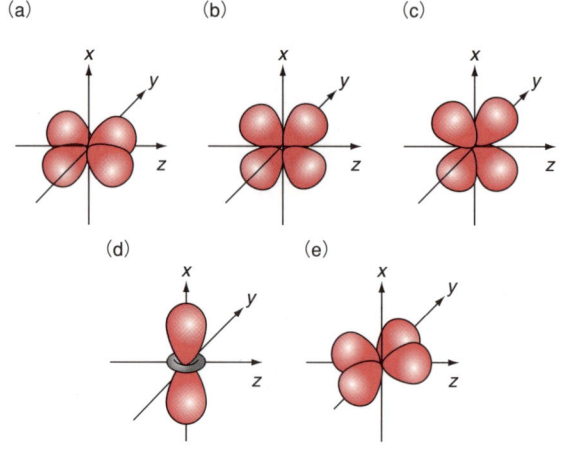

図 1.16 d 軌道の形
(a) $3d_{yz}$ (b) $3d_{xz}$ (c) $3d_{xy}$ (d) $3d_{x^2}$ (e) $3d_{y^2-z^2}$

の電子配置について考えてみよう．電子配置を考えることは，各元素のもつ化学的性質を理解する上でもたいへん重要である．

原子核に近い内側の軌道ほどエネルギーが低く安定なので，内側の軌道から順に電子を配置していくのが原則である．

原子番号1 (H) から5 (B) までの電子配置を表1.10に示す．

水素元素は一つの電子をもつので1sと記す．原子番号2のHeは，1s軌道に2個の電子をもつので$1s^2$のように記す．Heの2個の電子は異なるスピン量子数をもっている．一つの軌道に1個の電子しかない場合は，水素のように1sと記し，とくに1は明示しない．原子番号3のLiになると，1s軌道には2個しか収容できないので，主量子数2のs軌道，すなわち2s軌道に1個の電子が入り，$1s^2 2s$のように表される．同様に，原子番号4のBeの4番目の電子は2s軌道に入り，$1s^2 2s^2$と表される．原子番号5のBになると，1s軌道と2s軌道が満杯になり，5個目の電子は2p軌道に入るので，$1s^2 2s^2 2p$と表される．

表 1.10 原子番号1～5までの電子配置

元素記号	電子配置
$_1$H	1s
$_2$He	$1s^2$
$_3$Li	$1s^2\,2s$
$_4$Be	$1s^2\,2s^2$
$_5$B	$1s^2\,2s^2\,2p$

炭素($_6$C)からスカンジウム($_{21}$Sc)までの電子配置

原子番号6(C)から21(Sc)の電子配置を表1.11に示す.

原子番号6の炭素原子では,5番目,6番目の電子が入る際,つぎの「フントの規則」に従う.

> **フントの規則**:同一エネルギーの軌道に空席がある限り,電子はできるだけ分散して軌道に入る

どういう意味なのか,2p軌道を例に解説しよう.2p軌道には,$2p_x$,$2p_y$,$2p_z$の三つの軌道があり,それぞれに2個ずつの電子(スピン量子数の異なる電子)が収容可能なので,結局,2p軌道には合計6個の電子が入る.この6個の電子が2p軌道にどういう順序で入るのかを示したのがフントの規則である.それぞれの原子について順に解説していくので,表1.11も見ながら以下を理解していこう.

原子番号6の炭素原子における2p軌道の2個の電子は,$2p_x$と$2p_y$にそれぞれ1個ずつ入り$1s^2 2s^2 2p_x 2p_y$となる.2個が連続して$2p_x$に入り,$1s^2 2s^2 2p_x^2$とはならない.**スピンの対生成**(異なるスピン量子数をもつこと)を避けて,多くの異なった軌道にできるだけ1個ずつ電子が入ると考えればよいだろう.

原子番号7の窒素原子では,2p軌道に3個の電子が入るが,フントの規則に従い,2p軌道の三つの軌道に3個の電子が1個ずつ分散して入り,

表1.11 原子番号6〜21の電子配置

元素記号	電子配置
$_6$C	$1s^2 2s^2 2p_x 2p_y$
$_7$N	$1s^2 2s^2 2p_x 2p_y 2p_z$
$_8$O	$1s^2 2s^2 2p_x^2 2p_y 2p_z$
$_9$F	$1s^2 2s^2 2p_x^2 2p_y^2 2p_z$
$_{10}$Ne	$1s^2 2s^2 2p_x^2 2p_y^2 2p_z^2 = 1s^2 2s^2 2p^6 = $ [Ne]
$_{11}$Na	$1s^2 2s^2 2p^6 3s = $ [Ne]3s
$_{12}$Mg	$1s^2 2s^2 2p^6 3s^2 = $ [Ne]$3s^2$
$_{13}$Al	$1s^2 2s^2 2p^6 3s^2 3p = $ [Ne]$3s^2$ 3p
$_{14}$Si	$1s^2 2s^2 2p^6 3s^2 3p^2 = $ [Ne]$3s^2$ $3p_x 3p_y$
$_{15}$P	$1s^2 2s^2 2p^6 3s^2 3p^3 = $ [Ne]$3s^2$ $3p_x 3p_y 3p_z$
$_{16}$S	$1s^2 2s^2 2p^6 3s^2 3p^4 = $ [Ne]$3s^2$ $3p_x^2 3p_y 3p_z$
$_{17}$Cl	$1s^2 2s^2 2p^6 3s^2 3p^5 = $ [Ne]$3s^2$ $3p_x^2 3p_y^2 3p_z$
$_{18}$Ar	$1s^2 2s^2 2p^6 3s^2 3p^6 = $ [Ar]
$_{19}$K	$1s^2 2s^2 2p^6 3s^2 3p^6 4s = $ [Ar]4s
$_{20}$Ca	$1s^2 2s^2 2p^6 3s^2 3p^6 4s^2 = $ [Ar]$4s^2$
$_{21}$Sc	$1s^2 2s^2 2p^6 3s^2 3p^6 3d 4s^2 = $ [Ar]3d $4s^2$

$1s^2 2s^2 2p_x 2p_y 2p_z$ となる．

つぎの原子番号 8 の酸素原子では，8 番目の電子が $2p_x$ 軌道に，5 番目に入った電子とは異なるスピン量子数をもって収容されることになる．同様に原子番号 9 のフッ素原子では，9 番目の電子は $2p_y$ 軌道に入る．そして原子番号 10 のネオン原子では，$2p_z$ 軌道が 2 個の電子で満たされる．

このネオン原子の電子配置は，$1s^2 2s^2 2p_x^2 2p_y^2 2p_z^2$ のように，1s，2s および 2p 軌道がすべて満杯の状態になっている．このように，s 軌道と p 軌道がすべて満杯になっているときの電子配置を **希ガス型電子配置**(**閉殻構造**)[*11]という．ヘリウム原子も 1s 軌道が満杯であり閉殻構造をとっている．希ガス型電子配置の場合，電子配置を略して[He]あるいは[Ne]のように[元素記号]と表す場合がある．たとえば，窒素原子の電子配置を，$[He]2s^2 2p_x^2 2p_y^2 2p_z^2$ などのように表す場合もあるということである．

希ガス型電子配置をとっている元素は化学的に安定であり，He，Ne の他に Ar，Kr，Xe，Rn がある．希ガスの電子配置を見ると，ヘリウムでは K 殻に 2 個，ネオンでは L 殻に 8 個（2s 軌道の 2 個，2p 軌道の 6 個）の電子が入れば満杯になる．ここにでてくる数字 2，6，8 は安定な化学的性質に関連し，また後に述べる化学結合を電子配置から考えていく際に重要で"マジックナンバー(魔法の数)"と呼ばれる．

閉殻構造の外側（すなわち，もっとも外側の殻）にある電子のことを **価電子**(valence electron)といい，内側にある電子(**内殻電子**)と区別している．価電子という名称は原子価電子という用語からきており，化学結合の性格を考える際に重要になる．図1.17に，価電子を元素記号とともに点で表す点電子式の例を示す．価電子の数が同じ元素は，よく似た化学的性質を示す[*12]．

H· ·C· ·Ö· ·F̈·

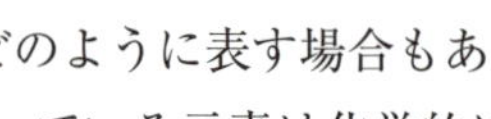

図1.17 点電子式で示した価電子

続いて，第 3 周期の元素を見ていこう．原子番号 11 のナトリウムでは希ガス型電子配置[Ne]に，さらに 1 個の電子が 3s に入る．原子番号 17 の塩素では主量子数 n が 2 の殻(L 殻)は満杯で，$n=3$ の殻(M 殻)にも電子が入る．M 殻では 3s 軌道に 2 個，3p 軌道に 5 個の電子が入るので，$3p_z$ 軌道のみが電子一つで，他の $3p_x$，$3p_y$ 軌道には二つずつ電子が入っている．

原子番号 18 のアルゴンでは M 殻が満杯になり，ネオンと同じ希ガス型電子配置なる．このアルゴンも，他の希ガス元素と同じように化学的に安定である．閉殻構造をとる元素の最外殻電子は価電子とは考えず，価電子はゼロとする．

[*11] 希ガス型電子配置では s 軌道と p 軌道の電子が，$ns^2 np_x^2 np_y^2 np_z^2$ (n は整数)となっている

☞ one rank up！
閉殻構造
収容できる最大電子数(s 軌道では 2 個，p 軌道では 6 個，d 軌道では 10 個)の電子を含んでいるとき「閉殻構造」をとっているという．

[*12] 価電子は，一般には s 軌道と p 軌道にある 1～7 個の電子を指す．しかし，価電子は化学結合や原子価を決定するので，結合に関与しない電子を除いたり，d 軌道の電子も結合に関与すれば価電子と見なしたりすることもある．また，金属結晶では，自由電子を価電子と呼ぶこともある．

例題1.6 原子番号36の元素の価電子はいくつか．またどのような化学的性質をもっているか．

【解答】 原子番号36のKr(クリプトン)の電子配置は希ガス型電子配置で価電子はゼロ．化学的には非常に安定した性質をもつ．

《解説》 $[\mathrm{Ar}]3d^{10}4s^2 4p_x^2 4p_y^2 4p_z^2$ という電子配置をとっている．

続いて，第4周期の元素を見ていこう．原子番号19のKのもつ電子のうち，18個目まではArと同じ電子配置をとる．19番目の電子は3d軌道ではなく4s軌道に入る．なぜ，主量子数が3の殻がまだ空いているのに，4の殻に先に電子が入るのだろうか．この理由を考えてみよう．図1.18は各軌道のもつエネルギーレベル(準位という)を示している．これを見れば，4s軌道と3d軌道のエネルギーレベルを比較すると，4sの方が低いことがわかるだろう．このため電子は，3d軌道よりも先に，よりエネルギーの低い4s軌道に先に入るのである．以上のように原子番号がKより大きい元素では，単純に主量子数の小さい軌道から埋められていくわけではないことがわかる．

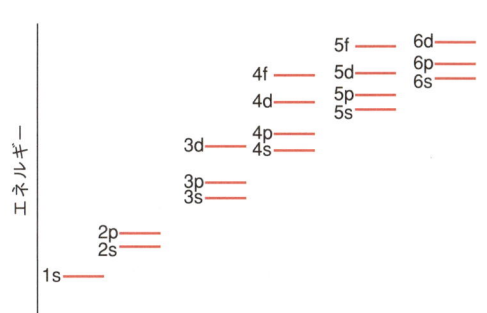

図1.18 各軌道のエネルギーレベル

それではどのような順番で電子が入っていくのだろうか．その順番をわかりやすく示したのが図1.19である．たとえば，原子番号20のカルシウムの電子配置では，4s軌道が満杯になる．そこで図1.19を見ると，つぎのスカンジウム元素の21番目の電子は3d軌道に入ることがわかるだろう．

このスカンジウムの電子配置のように，「最外殻がs軌道で，その内側

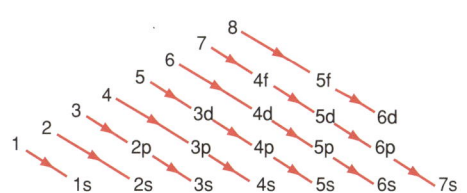

図1.19 電子の入る順序

に電子がまだ満杯でない d 軌道をもつ」元素を **遷移元素**(transition element)と呼ぶ．遷移元素群は周期表のなかでも独自の位置を占めている．

遷移元素に含まれるのは，原子番号21(Sc)〜29(Cu)，39(Y)〜47(Ag)，57(La)〜79(Au)[13]，89(Ac)〜109(Mt)[14]の元素である．表紙裏の周期表のように，ランタノイド系列とアクチノイド系列は一般的に，周期表の下部に別に示される．また，遷移元素はすべて金属元素である．

[13] このうちの，57〜71をとくにランタノイド系列という．

[14] このうちの，89〜103をとくにアクチノイド系列という．

例題1.7 K^+ と Cl^- の電子配置を示せ．

【解答】 K^+ : $1s^2\,2s^2\,2p^6\,3s^2\,3p^6$ = [Ar]
Cl^- : $1s^2\,2s^2\,2p^6\,3s^2\,3p^6$ = [Ne]$3s^2\,3p^6$ = [Ar]

《解説》 いずれも安定な希ガス型電子配置をとっている．イオン結合との関係については2章で述べる．

章末問題

1. Fe の電子配置と不対電子の数を示せ．

2. Ni^{2+} の電子配置と不対電子の数を示せ．

3. He の電子配置をパウリの禁制原理を用いて説明せよ．

4. 主量子数 n が5のとき，他の量子数がとることのできる値を示せ．

5. Xe(原子番号54)の電子配置を示し，電子配置から化学的性質を説明せよ．

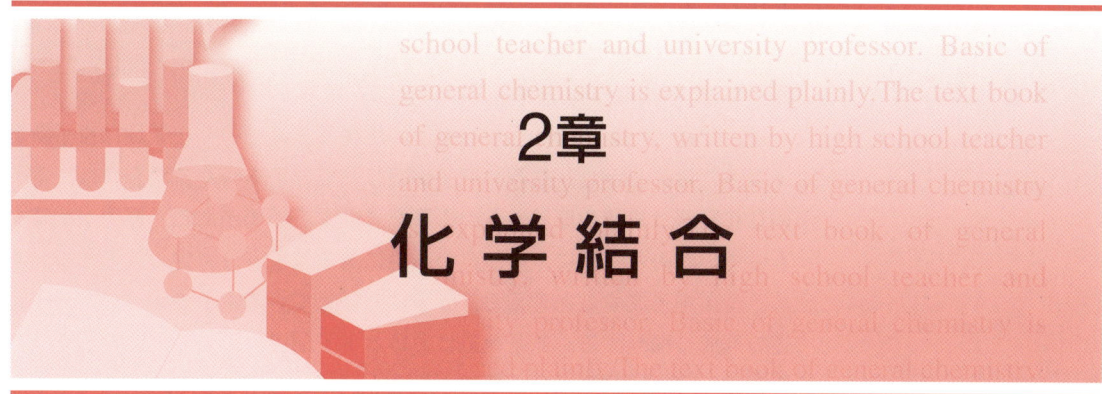

2章 化学結合

　物質を構成している原子と原子の結びつきを化学結合という．原子あるいは原子の集団がまとまるには，構成原子間の結合により，安定した状態が実現しなければならない．なぜ物質は結合により安定化するのか．1章の電子配置をてがかりに考えていこう．

　化学結合の種類には，(1) イオン結合，(2) 共有結合，(3) 金属結合，(4) 水素結合，(5) ファンデルワールス力による結合，があげられる．(1)～(3)の結合は比較的強いため一次結合，(4)と(5)は比較的弱いため二次結合と呼ばれている．結合の概念は歴史的にも変遷をとげてきたが，それらをたどりながらそれぞれの結合の違いを考えよう．

2.1　分子軌道で考える共有結合

ルイスが考えた共有結合の定義

　2個の原子がそれぞれ電子をだしあい，それらの電子を共有することによって，二つの原子の間に生じる結合を共有結合という．この共有結合の概念について，1916年ルイスはつぎのように提案した．

> 「結合に関係する両原子が電子を1個ずつだしあい，これを共有することにより電子対をつくり，さらに両原子は希ガスの電子配置をとり安定となる」

　この，ルイスの共有結合の概念を模式的に示すとつぎのようになる．

$$A^{\cdot} + {}_{\cdot}B \longrightarrow A\!:\!B$$

　ところが，ルイスの考え方だけでは，結合の強さ（結合力）あるいは結合の方向（結合角）などについては説明することはできない．そこで，つぎに「分子軌道」の考え方が導入され，「共有結合がなぜ二つの原子を引きつけるのか」という疑問だけでなく，結合力，結合角についても説明されるこ

ルイス
（アメリカ：1875～1946）

原子軌道を拡張した分子軌道の考え方

1章で述べたように，一つの原子に所属する電子の存在領域は原子軌道で表される．しかし，複数の原子が関与して分子をつくる場合には，電子の存在状態は複数の原子からの影響を考慮する必要がある．原子が軌道をもっていたのと同様に，一つの分子中にある電子も，特定の軌道すなわち**分子軌道**を形成すると考える．分子に関係している電子のすべてが分子軌道の形成に関与する．原子軌道における電子配置において用いたパウリの排他律（1章を参照）は分子軌道の場合も同様に適用される．

原子軌道の一次結合

分子軌道では，電子は二つ以上の原子核からの影響をうける．原子軌道を用いて分子軌道をつくる場合のもっとも簡単な方法が **LCAO法**（Linear Combination of Atomic Orbital method）である．LCAO法は原子軌道の一次結合[*1]で分子軌道を表す方法で，二つの原子軌道をそれぞれ ϕ_a, ϕ_b とすると，分子軌道 Φ はつぎのように表される．

$$\Phi = \phi_a \pm \lambda \phi_b \tag{2.1}$$

すなわち分子軌道は原子軌道 ϕ_a, ϕ_b の和または差の一次結合となる[*2]．ここで，λ は二つ原子の間に見られるイオン性に関係した定数であり，エネルギーが最低になるように決められる．水素分子のような同種二原子分子の場合，$\lambda = 1$ となる．それでは，具体的に分子軌道の例を見ていこう．

s軌道，p軌道がつくる分子軌道

1章で述べたように，s軌道は球形をしている．ここで，二つの水素原子からできている水素分子を例に考えてみよう．二つの同等な1s原子軌道が結合すると，図2.1のような分子軌道となる．二つの原子核を結んだ領域でもっとも電子密度が高くなっていることがわかるだろう．

このように，分子軌道が分子結合軸上に節面をもたない場合を **σ（シグマ）結合**という．図2.1のように二つの原子核の中間にあたるところで負電荷の集中が起こり，その結果安定化し，**結合性分子軌道**が生じる．図2.1の分子軌道を結合性のσ1s分子軌道という．原子核は正の電荷をもつため接近すると斥力が働くが，これらの中間に負電荷が入り込むことにより，逆に引力が作用する．これが共有結合により安定化する理由である．

もし負電荷の集中が原子核間でおこらず分散した場合，原子核どうしが接近すると斥力が生じ，結合が生じないことになる．これを**反結合性分子軌道**と呼ぶ．式(2.1)において，引き算により分子軌道ができた場合に相

[*1] ある量を表すのに，いくつかの成分の代数和を用いること．

[*2] ϕ_a, ϕ_b は原子軌道関数という．Φ は分子軌道関数と呼ばれており，内側にある殻の電子（内殻電子）を無視して価電子のみを考慮している．2.5節で述べる，結合性軌道および反結合性軌道は，式(2.1)中の符号＋と－にそれぞれ対応する．

---

one rank up!

結合性軌道

分子を形成する二つの原子の間において，電子密度の高い状態，すなわち電子による負電荷の集中が起こっているときの結合を結合性軌道といい，結合に寄与することができる．

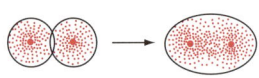

図2.1 二つのs軌道による新しい結合性分子軌道

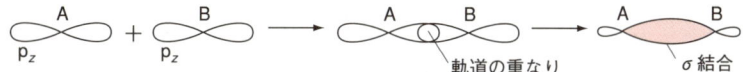

図 2.2 二つの 2p$_z$ 原子軌道による σ 結合

当する．詳しくは p.26 で説明する．

　p 軌道が関与する分子軌道は，図 1.14 に示した p 軌道の形が影響して，独特の形になる．まずは，二つの 2p$_z$ 原子軌道が，分子結合軸を z 軸として，末端で重なる場合を考えてみよう．この場合，図 2.2 のような結合が生じ，形成された分子軌道では分子結合軸上に負電荷の集中が起こり σ 結合となる．このようにできた分子軌道を結合性 σ2p$_z$ 分子軌道と呼んでいる[*3]．

　つぎに二つの 2p$_x$ 原子軌道が結合する場合を考えてみよう．図 2.3 のように軌道が重なって，分子結合軸（z 軸）に節面をもつ電子密度分布となる．この場合，二つの原子を結合させるのに必要な負電荷の集中は結合軸に平行に存在しているので，分子軌道は分子結合軸を含む一つの節面をもつことになる．これを **π 結合** と呼び，図 2.3 のような分子軌道を結合性 π2p$_x$ 分子軌道という．

[*3] ここでは二原子分子における二つの原子核の結合軸に沿って z 軸をとる．

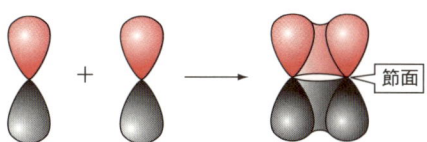

図 2.3 二つの 2p$_x$ 原子軌道による π 結合

分子軌道ができるには

　原子軌道どうしが近づけば，どんな場合でも結合が生じるわけではない．二つの原子軌道が結合して分子軌道をつくるにはいくつかの条件を満たしている必要がある．

　まず，エネルギー差が大きい原子軌道どうしの場合には結合できない．たとえば同種の原子が二つ結合する場合は，1s 軌道と 2p 軌道はエネルギー差が大きいため結合できない．また，1s 軌道と 2s 軌道もエネルギー差が大きく結合できない．ところが，違う種類の原子が二つ結合する場合はそうではない．X 原子および Y 原子の 1s 軌道と 2s 軌道，あるいは p 軌道と s 軌道の結合は，図 2.4 のようにエネルギー差が小さい場合には実現するのである．

　つぎに，結合の種類について考えてみよう．二つの s 軌道，または二つの 2p$_z$ 軌道が結合する場合は，分子結合軸に対して同じ方向に対称性をもっているので結合できる．s 軌道と 2p$_z$ 軌道も同じ理由で結合できる．

　ところが，s 軌道と 2p$_x$ 軌道あるいは s 軌道と 2p$_y$ 軌道の組合せの場合は，

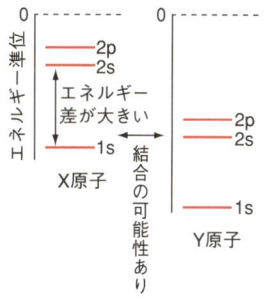

図 2.4 二原子分子 XY における原子軌道の結合の可能性

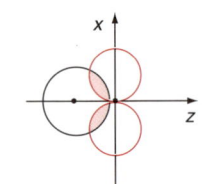

図2.5 s軌道と$2p_x$軌道の結合

図2.5に示すように,分子結合軸に関する対称性が異なるため,両原子の中間のところに電荷密度が集中しない.また,軌道どうしが重なろうとすると,二つの原子核が異常に接近することになり斥力が生じるため結合ができない.すなわちs軌道と$2p_x$軌道は,ほぼ同じエネルギーをもっていても対称性が異なるため結合ができないことになる.

図2.3や図2.5からわかるように,二つの原子軌道の形によって,原子軌道の重なり方が決まる.原子軌道の重なりが大きいほど,原子核間に集中する負電荷も大きくなり安定化する.これを「**最大重なりの原理**」という.原子軌道の重なりの大きさは結合の形成だけでなく,つぎに述べる結合力(結合の強さ)とも関係する.

原子軌道の重なりが結合力を決める

原子軌道の重なりの大きさが,共有結合の強さを決定する.s軌道どうしが重なる場合は,互いに球対称であるため,接近しすぎると原子核による反発が起こるので,あまり大きく重なることができない(図2.1).一方,p軌道が関与する場合,軌道の形により特定の方向に重なりが大きくなる(図2.2).そのため,p軌道が関与すると一般的に共有結合は強くなる.たとえば,s軌道どうしの結合力と比較してp_z軌道どうしの結合は重なりが大きい.主量子数が同じ場合,s軌道とp軌道の結合の強さは,s軌道どうしの結合の約3倍の強さになる.

先にも述べたように,二つの原子軌道が結合することにより生じる安定な(エネルギーの低い)軌道が結合性分子軌道であり,二つの原子軌道が結合することにより結合前よりも低いエネルギー状態になる(図2.6).二つの原子核の中間のところに電子が集中し,他方の原子核からの影響を受けにくいためである.

一方,電子が中間のところに集まらず,原子核の方に偏った場合,元の原子軌道よりも高いエネルギー状態の軌道が出現することになり,図2.6に示す反結合性分子軌道をつくることになる.この軌道に電子が入ろうとしても,より低いエネルギー状態である結合前の状態に戻ろうとして,結局,分子は形成されない.たとえば,ヘリウム分子がHe_2の形になっても

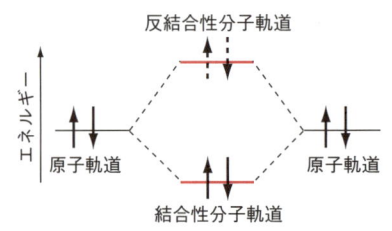

図2.6 結合性軌道と反結合性軌道のエネルギー状態

不安定であり，He_2 という分子は存在しない．He 原子どうしが結合したとすると，4 個の電子のうち 2 個は結合性軌道に入るが，残りの 2 個は反結合性軌道に入る．その結果，電子が結合性軌道に入ることによるエネルギーの低下が相殺されてしまい，He が単独で存在する場合よりもエネルギー的に高く（すなわち不安定に）なってしまうので，He_2 分子は通常の条件では存在しないのである（図2.6）．

分子軌道の具体例を見る

分子軌道により共有結合の状態が説明できる例を順に見ていこう．

(1) **フッ素分子**（F_2）

まずフッ素元素の電子配置を確認しておこう．表1.11にも示したように，フッ素の電子配置はつぎのようになる．

$$F：[He]2s^2\,2p_x^2\,2p_y^2\,2p_z$$

不対電子が $2p_z$ 軌道にあり，この不対電子が結合に関与する．すなわち，二つのフッ素原子の $2p_z$ 軌道が図2.7のように重なり，σ 結合による単結合で直線状の分子 F-F をつくる．

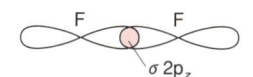

図 2.7 フッ素分子 F_2 の単結合

(2) **窒素分子**（N_2）

窒素元素の電子配置はつぎの通りである．

$$N：[He]2s^2\,2p_x\,2p_y\,2p_z$$

1s 軌道の 2 個の電子および 2s 軌道の 2 個の電子は，共有結合に関与しないので**非共有電子対**あるいは**孤立電子対**と呼ばれる．一方，2p 軌道にある電子はフントの規則に従って分散して入るので，3 個の不対電子が生じる．

この窒素原子が二つ結合して，窒素分子になる．その様子を見てみよう（図2.8）．まず，$2p_z$ 軌道の電子は互いに重なり σ 結合をつくる．また，$2p_x$，$2p_y$ 軌道にある不対電子は互いに分子結合軸上に節面をもつ π 結合を形成する．このように，窒素分子は，$2p_z$ 軌道による σ 結合 1 本と $2p_x$，$2p_y$ 軌道による π 結合 2 本からなる三重結合を形成する．以上のように，結合次数[*4]は共有結合に関与する軌道の重なり方によって決まる．

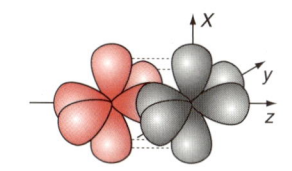

図 2.8 窒素分子 N_2 の結合の様子

* 4　単結合，二重・三重結合など．

不対電子の数が原子価である

化学結合を考えるときには，**不対電子**の存在に注目すればよい．不対電子の原子軌道が二つ重なって結合が生じるからである．この考え方を原子軌道法という．

表1.11の電子配置をもとに，不対電子の数と**原子価**について考えてみよう．周期表の第 1 周期と第 2 周期の元素に注目すると，Be, B, C 以外のすべての元素では，不対電子の数と原子価が一致する．たとえば，N, O,

👉 **one rank up !**

分子軌道法

原子軌道が接近して新たに分子軌道がつくられ，その軌道にすべての電子が収容されるという考えを「分子軌道法」という．分子全体に対して新しい軌道を適用する．

one rank up!
原子価
ある元素の原子1個が，何個の水素原子（または塩素原子）と結合できるかを表す数．水素，塩素と化合しない場合は別に定める．一般に共有結合では不対電子の数が原子価となる．また，コッセルの原子価論によれば，イオン結合では，希ガス型原子の電子配置と同じになるように電子の授受を行ったときの電子の数が原子価となる．

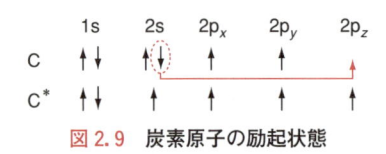

	1s	2s	$2p_x$	$2p_y$	$2p_z$
C	↑↓	↑↓	↑	↑	
C*	↑↓	↑	↑	↑	↑

図2.9　炭素原子の励起状態

F，Neでは，不対電子の数と原子価はそれぞれ3，2，1，0で一致している．これらの元素では，不対電子がそのまま結合を形成するのでわかりやすい．

一方，一致しないC元素などは不対電子の数から原子価を決めることはできない．そこで，表1.11の電子配置（これを**基底状態**という）に対して，**励起状態**（励起原子価状態ともいう）といわれる電子配置を考える．

Cの励起状態を図2.9に示す．励起状態にある炭素元素を，基底状態と区別するためC*と記す．C*では，2s軌道の電子のうちの一つがエネルギーの高い$2p_z$軌道に昇位（elevation）されている．その結果，C*では不対電子が4個になり，炭素元素の原子価と一致する．ただし，4個の不対電子のうち，3個はp軌道，1個は2s軌道に属することになり，まったく同じ状態とはいえない．この問題を解決するため，混成軌道という概念が考えだされた．

例題2.1　Fe^{2+}の不対電子の数はいくつか．

【解答】　4個

《解説》　Feの原子番号は26であり，FeおよびFe^{2+}の電子配置はつぎの通りである．

$$Fe\ \ :1s^2\,2s^2\,2p^6\,3s^2\,3p^6\,3d^6\,4s^2$$
$$Fe^{2+}:1s^2\,2s^2\,2p^6\,3s^2\,3p^6\,3d^6$$

3d軌道にある6個の電子は，5種類の3d軌道につぎのように配置される．

↑↓　↑　↑　↑　↑

よって，不対電子は4個となる．

2.2　混成軌道を導入して結合を理解する

sp混成軌道が混成軌道の代表例

2.1節で，励起状態を考えただけでは原子価を説明できないことを述べた．それを解決する方法として，副量子数で与えられるs，p，d軌道など

の区別をなくすために軌道を混成させることを考える．混成軌道の代表例であるsp混成軌道から説明しよう．

一つのs軌道と一つのp軌道の混成により，二つの**sp混成軌道**がつくられる．sp混成軌道の形を図2.10に示す．sp混成軌道は突出部が大きく，したがって軌道の重なりも大きくなるため，安定な共有結合が生じる．

溶液や気体の状態では直線型の分子構造をとる塩化ベリリウム（$BeCl_2$）の結合状態について，sp混成軌道を用いて説明してみよう．基底状態にあるBe原子の2s軌道にある2個の電子の対を解き，2p軌道に昇位させたのが励起状態Be*である（図2.11）．このとき，2s軌道と$2p_z$軌道が混成して二つのsp混成軌道をつくっている．一方，Cl原子は$3p_z$軌道に不対電子が存在する（表1.11）．図2.12のように，Be*のsp混成軌道とClの$3p_z$軌道により，2本のσ結合がつくられる．これを見れば，$BeCl_2$分子が直線型をしている理由がわかるだろう．

つぎに，有機化合物に見られるsp混成軌道の例として，アセチレンC_2H_2の分子構造を取りあげよう．すでに図2.9でも述べたように，炭素原子は励起状態では四つの不対電子をもつが，このうちの2s軌道と$2p_z$軌道が混成して，二つのsp混成軌道をつくる（図2.13）．sp混成軌道がz軸上に広がっている．一方，水素原子は1s軌道に1個の電子をもっている．これらが結合して，アセチレン分子を形成するのである．

図2.14を見てみよう．アセチレン分子では，炭素原子どうしが，sp混成軌道によるσ結合と，$2p_y$軌道および$2p_x$軌道による2本のπ結合とで結合している[*5]．さらに，炭素原子のsp混成軌道が一つずつ余っているので，それが水素原子の1s軌道とσ結合をつくる．以上のように，アセチレン分子も直線型となる．

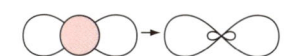

図2.10 sp混成軌道の形成

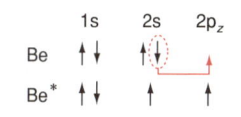

図2.11 ベリリウム原子の励起状態

2s軌道と$2p_z$軌道の電子がsp混成軌道に使われる．

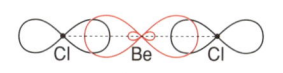

図2.12 $BeCl_2$分子の結合の様子

[*5] 合計三本なので三重結合．

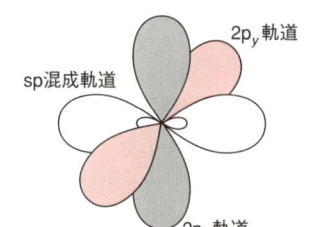

図2.13 sp混成軌道の形

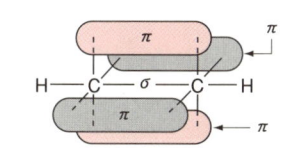

図2.14 アセチレン分子の結合の様子

三つの軌道が混成するsp^{2}混成軌道

sp^{2}混成軌道は三角形型の分子構造をもつ化合物に見られる軌道で，一つのs軌道と二つのp軌道により三つのsp^{2}混成軌道がつくられる（図2.15）．平面上に120°の角度で開いており空間的な広がりが大きいので，他の軌道との重なりも大きく，強い結合を形成する．

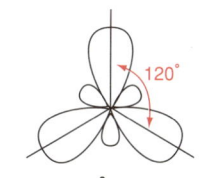

図2.15 sp^{2}混成軌道の形

三つのsp^{2}混成軌道は，同一平面上で120°の間隔で開いている．

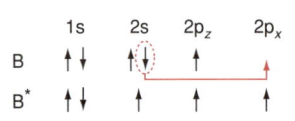

図 2.16 ホウ素原子の励起状態

例として三角形型の分子構造をもつ三塩化ホウ素 BCl_3 を見てみよう．B 原子の励起状態 B^* の電子配置を図2.16に示す．基底状態の電子配置における2s軌道の電子対を解き，2p軌道に昇位させることにより3個の不対電子ができる．この3個(s軌道が1個と2p軌道が2個)の軌道が混成し，三つの sp^2 混成軌道ができる．一方，Cl原子は $3p_z$ 軌道に不対電子をもつ．これらが結合した三塩化ホウ素 BCl_3 は図2.17のように平面上に120°の角度で開いた形になる．

つぎに，有機化合物に見られる sp^2 混成軌道の例として，エチレン C_2H_4 を見てみよう．先に述べたアセチレンと同じように，炭素原子の励起状態を考える(図2.9)．この四つの不対電子のうち，$2p_x$ 軌道の1個の電子を除いた3個の電子($2s$，$2p_z$，$2p_y$ 軌道の電子)により，三つの sp^2 混成軌道がつくられる．3個の sp^2 混成軌道は，同一平面内で120°の角度で開いた状態となり，これに垂直に $2p_x$ 軌道が配置する(図2.18)．

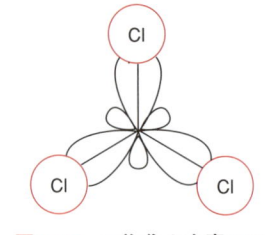

図 2.17 三塩化ホウ素 BCl_3 の結合の様子

塩素原子の $3p_z$ 軌道は球分布で表している．

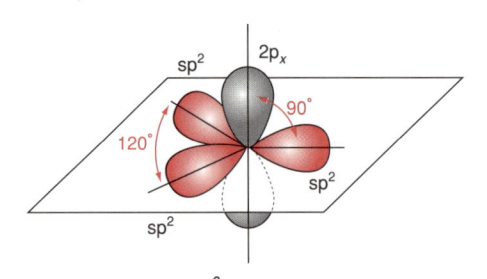

図 2.18 sp^2 混成軌道と p 軌道

エチレン分子の結合の様子を，図2.19を見ながら考えていこう．sp^2 混成軌道のうちの一つは，分子軸上に σ 結合をつくる．残りの二つの sp^2 混成軌道は水素原子の1s軌道と σ 結合をつくる．また，$2p_x$ 軌道は分子軸と平行な領域で重なり，π 結合をつくる．このように，エチレン分子では炭

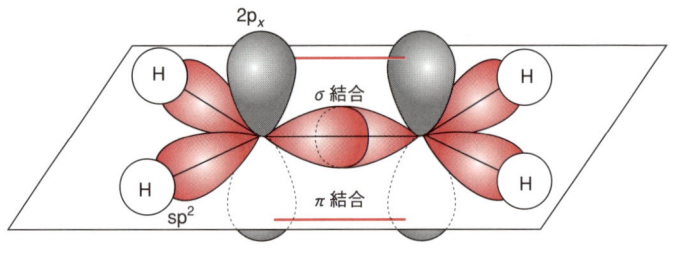

図 2.19 エチレン分子 C_2H_4 における結合の様子

素原子間には二重結合（σ結合とπ結合）が形成され，また水素原子と炭素原子はσ結合による単結合で結ばれている．また，図2.19を見てもわかるように，炭素原子と水素原子は同一平面上にある．

四つの軌道が混成すれば sp³ 混成軌道ができる

sp³ 混成軌道の例として，炭素原子の場合を見てみよう（図2.20）．炭素原子の一つのs軌道と三つのp軌道が混成し，四つのsp³混成軌道ができる．このsp³混成軌道は四面体型の分子構造で見られる．

メタン分子 CH_4 が代表的な四面体型の分子である．炭素原子の励起状態の電子配置（図2.9）における，一つのs軌道と三つのp軌道（$2p_x$, $2p_y$, $2p_z$軌道）が混成し，四つのまったく等価なsp³混成軌道ができる〔図2.20(a)〕．メタン分子の構造は，図2.20(b)に示したように，四面体の中心に炭素原子があり，頂点に水素原子が配置した形になっている．無機化合物では，たとえば四塩化スズも同じ四面体構造をとる．

> **例題2.2** NH_4^+ のイオンの構造を，混成軌道の考えを使って説明せよ．

【解答】 表1.11より，Nの電子配置は $1s^2 2s^2 2p_x 2p_y 2p_z$ で価電子数は5個である．励起状態(N^+)*の電子配置は $1s^2 2s 2p_x 2p_y 2p_z$ となる．一方，水素の価電子数は1個であり，結局，NH_4^+ には＋電荷を考慮して，5 + 4 − 1 = 8個の価電子がある．そこで，Nのsp³混成軌道を考えると，正四面体の頂点方向に伸びた軌道と水素原子との結合が生じると考えられる．

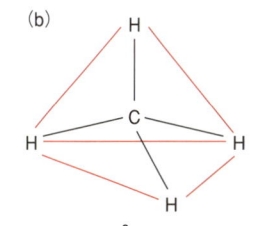

図2.20 sp³ 混成軌道の形
(a) 四つのsp³混成軌道が正四面体状に配置している．
(b) メタン分子の結合の様子．

電荷の偏りが極性をつくる

H_2, N_2 のように，同じ元素が結合する場合，正電荷をもつ原子核の重心と負電荷をもつ核外電子の重心が一致する．ところが，HClのように違う種類の元素が結合する場合には重心が一致しないことがあり，この状態を分極しているという．分極している分子を**極性分子**，分極していない分子を**無極性分子**と呼ぶ．分極とは，二つの原子間にある電子対がどちらかの原子に偏り，その結果，電荷の偏りができることといえる．分子内で分極が起こると，結合軸に沿って正電荷と負電荷が分かれることになる．

分子内における分極の程度を表すのに用いられるのが双極子モーメントである．距離 L だけ離れて $+q$ と $-q$ の電荷が存在するとき，双極子モーメント μ はつぎのように表される．

$$\mu [\text{C m}] = q[\text{C}] \times L[\text{m}] \tag{2.2}$$

たとえばHClでは，$L = 127 \times 10^{-12}$ m, $q = 0.272 \times 10^{-19}$ C なので，$\mu_{HCl} = 3.47 \times 10^{-30}$ C m となる．

*6 δは少しだけ電荷が偏っていることを意味している.

> **one rank up !**
> **共有結合とイオン結合の中間**
> 3.5節で詳述するが，結合に関与する電子に偏りがあるということは，その結合が共有結合とイオン結合の中間にあることを意味している．分極構造は共有結合の中にイオン結合が含まれていることを示唆している．

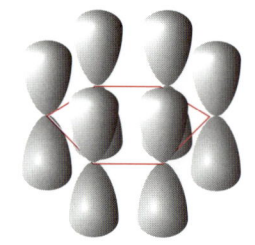

図 2.21 ベンゼンの sp^2 混成軌道
$2p_x$ 軌道の電子が分子平面に垂直に分布している．

> **one rank up !**
> **共鳴構造**
> 古典力学では共鳴状態は，たとえば同じ振動数をもった二つの振り子が交互に振動する場合などに使われる．化学結合では，図2.22のように，二つの同じエネルギー状態があり，これらを重ねあわせた状態を共鳴状態と呼ぶ．なお，同じエネルギー状態にあることを「縮退」しているという．

HClが分極するのは，H原子とCl原子の電気陰性度(37ページ参照)に差があるためで，電子がCl原子側に引き寄せられた状態になっている．この状態を，$H^{\delta+}$-$Cl^{\delta-}$のように表す*6.

分子全体に広がる非局在軌道

これまで紹介した分子軌道の例は，すべて特定の原子間の結合状態を説明するものであった．しかし，それでは説明がつかない場合がでてきた．そこで，分子軌道は分子全体に広がっているものと解釈することによって説明を試みようと考える人がでてきた．ここで，特定の2原子間を結合させるものを局在軌道，分子全体に関与するものを**非局在軌道**という．

局在軌道だけでは説明できない例として，ベンゼン分子 C_6H_6 を見てみよう．ベンゼン分子内の6個の炭素原子は120°の角度で平面上に分布している(図2.21)．炭素原子の3本の sp^2 混成軌道のうち，1本は水素原子の1s軌道の電子と σ 結合をつくり，残りの2本でとなりの炭素原子と結合している．また，sp^2 混成軌道では $2p_x$ 軌道の電子が炭素分子で構成する平面に対して垂直に分布しているので(図2.18)，合計6個の軌道が垂直に配置されている(図2.21)．この $2p_x$ 軌道の不対電子がとなりの炭素原子の $2p_x$ 軌道の電子と π 結合をつくるとすると，図2.22のように，一つおきに π 結合による二重結合が生じることになる．ところが，実際にはベンゼン分子の6個の炭素原子はまったく同等の結合状態にある．すなわち，図2.22の(a)(b)に示した状態の中間状態をとっていると考えられる．このような状態を共鳴といい，図2.22(a)(b)を**共鳴構造**という．共鳴構造をとると，結合に関与する電子はより自由に動き回ることができ安定化する(エネルギーが低くなる)．安定化したことによるエネルギーの低下分を共鳴エネルギーという．

ベンゼンでは，$2p_x$ 軌道の電子が分子全体に広がる非局在軌道をつくっている．いいかえると，$2p_x$ 軌道の π 結合は図2.23(a)のように，分子全体に分子平面と水平に分布している．この様子を便宜的に表した分子構造が図2.23(b)であり，有機化学分野においては，ベンゼン分子の特徴的な化学反応の機構もこのモデルを使って説明される．

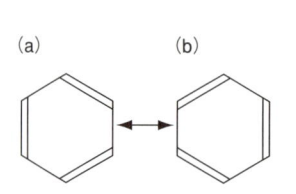

図 2.22 ベンゼン分子
構造(a)と(b)が共鳴している．

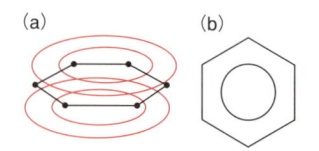

図 2.23 ベンゼンの電子の状態
(a) ベンゼン分子における $2p_x$ 軌道の π 電子の分布
(b) 非局在軌道を考慮したベンゼンの簡略な表し方

例題2.3 通常の炭素−炭素結合における結合距離は，単結合の場合 0.154 nm，二重結合の場合0.132 nmである．一方，図2.22で表されるベンゼン分子における炭素−炭素の結合距離は0.139 nmである．結合距離を比較して何がわかるか答えよ．

【解答】 ベンゼン分子における炭素−炭素の結合距離は，単結合と二重結合の中間の状態にあり，結合の強さおよび結合次数も単結合および二重結合の中間にあることがわかる．

2.3 静電引力で結びつくイオン結合

コッセルによるイオン結合の定義

1.1節では，イオンおよびイオン結合の基本的な概念について，典型的なイオン結晶（NaCl結晶）を例に説明した．すなわち，陽イオン（Na^+）と陰イオン（Cl^-）が静電気的な力で結びついている状態がイオン結合といえる．ここでは，イオン結合のもつ性質について，原子の電子配置という観点から見ていこう．

イオン結合の概念は1916年頃，コッセルによりつぎのように提案された．

> 「中性原子は電子を失うと陽イオンとなり，一方，電子を得ると陰イオンとなる．両イオンは閉殻構造（希ガス型電子配置）と同じ安定な電子配置をとり，静電引力で互いに結合する」

すでに述べたように，閉殻構造の電子配置（希ガス型電子配置）をとる元素（He，Ne，Arなど）は希ガスと呼ばれ，化学的に非常に安定である．コッセルのいう安定な陰イオンや陽イオンは，中性原子をXおよびMとすると，つぎのように表すことができる．

$$X + ne^- \longrightarrow X^{n-} \text{（n価の陰イオン）}$$
$$M \longrightarrow M^{n+} + ne^- \text{（n価の陽イオン）}$$

このとき，X^{n-}とM^{n+}は安定な希ガス型電子配置をとる．そして，X^{n-}とM^{n+}は互いに引きよせあい，安定なイオン結合による$X^{n-}M^{n+}$という化合物をつくる．

例としてKCl（塩化カリウム）を考えてみよう．K^+およびCl^-の電子配置はつぎのようになる．

$$\begin{array}{cc} K & K^+ \\ 1s^2 2s^2 2p^6 3s^2 3p^6 4s \longrightarrow & 1s^2 2s^2 2p^6 3s^2 3p^6 \\ Cl & Cl^- \\ 1s^2 2s^2 2p^6 3s^2 3p^5 \longrightarrow & 1s^2 2s^2 2p^6 3s^2 3p^6 \end{array}$$

Kから電子が一つとれてK$^+$となり，Clは電子を一つ得てCl$^-$となり，両方とも希ガス(Ar)と同じ電子配置をとっていることがわかるだろう．中性原子がどのような形のイオンになりやすいかは，つぎに述べるイオン化ポテンシャルおよび電子親和力から導くことができる．

陽イオンへのなりやすさを示すイオン化ポテンシャル

中性原子が電子を失ってイオン化する(陽イオンになる)のに必要なエネルギーを**イオン化ポテンシャル(イオン化エネルギー)**という．イオン化ポテンシャルは「原子から電子一つを無限のかなたに押しやるエネルギー」と定義され，エネルギーの単位(kJ/molあるいはeV)で表される．このイオン化ポテンシャルの値が小さい元素ほど陽イオンになりやすい．例としてホウ素元素Bを見てみよう．

> **one rank up !**
> **電子ボルト**
> eVは電子ボルトと呼ばれ，原子・分子レベルのエネルギー変化を表すのに便利な単位であり，SI単位系には属さないがよく用いられる．1 eVは電子が1 Vの電圧で加速されるときに獲得するエネルギーの大きさと定義され，1.062×10^{-19} Jに相当する．

$$B \xrightarrow{799 \text{ kJ}} B^+ \xrightarrow{2420 \text{ kJ}} B^{2+}$$

第一イオン化ポテンシャル　第二イオン化ポテンシャル

最外殻に複数の電子をもつ中性元素から一つの電子を取るのに必要なエネルギーを第一イオン化ポテンシャル，さらに二つめの電子を取るのに必要なエネルギーを第二イオン化ポテンシャルといい，一般に第一イオン化ポテンシャルより第二イオン化ポテンシャルの値の方が大きくなる．その理由は，一つめの電子を取られると原子核は残りの電子をより強く引きつけるので，さらに二つめの電子を取りさるときに，より大きなエネルギーを必要とするためである．

原子番号と第一イオン化ポテンシャルの関係を図2.24に示す．周期表の各周期では，一般に原子番号が大きくなると，イオン化ポテンシャルも大きくなる．その理由を考えてみよう．各周期においては，原子番号が大きくなると陽子数が増すため，原子核による電子の引きつけが大きくなって

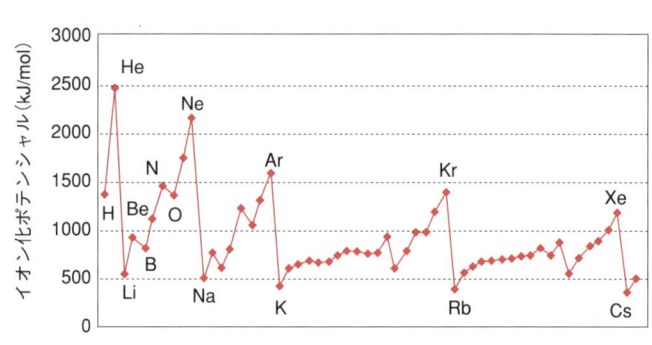

図2.24　イオン化ポテンシャルと原子番号

原子半径が小さくなり，このため最外殻電子も強く引きつけられるためである．

しかし，同一周期のなかでも，原子番号が大きい元素の方がイオン化ポテンシャルが小さい場合がある．たとえばベリリウムとホウ素の場合，原子番号の大きいホウ素の方が小さい値になる．それは，ベリリウムでは2s軌道で二つの電子が対を形成して安定化しているが，ホウ素では2p軌道にある一つの電子は対を形成しておらず，ベリリウムの2s軌道の電子に比べて，取りさるのに必要なエネルギーが小さくてすむからである（表1.11）．

例題2.4 図2.24のイオン化ポテンシャルと原子番号の関係を見ると，同族元素で比較すると，原子番号の大きい元素ほどイオン化ポテンシャルの値は小さくなっていることがわかる．この理由を説明せよ．

【解答】 周期表において，周期の大きい元素ほど，最外殻にある電子は原子核からの束縛は小さくなる．したがって，最外殻の電子を1個取りさるエネルギーであるイオン化ポテンシャルは周期表の下にある元素の方が小さくなる．

陰イオンへのなりやすさを示す電子親和力

中性原子に電子が取りこまれるとき，陰イオンが生じると同時にエネルギーが発生する．このエネルギーを**電子親和力**という．電子親和力もエネルギーの単位(kJ/molあるいはeV)で表される．

中性原子をXとして，それが電子を一つ得て陰イオンX^-が生じたとする．

$$X + e^- \longrightarrow X^-$$

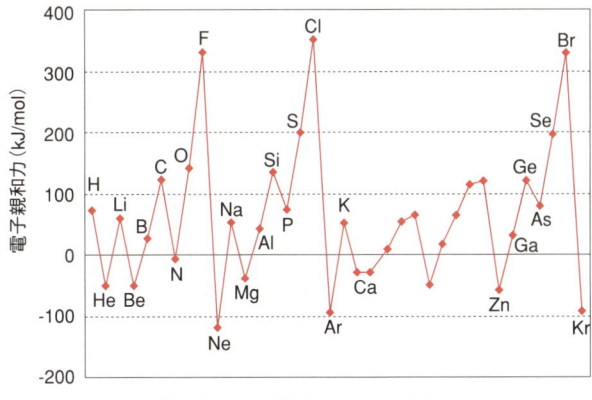

図2.25 電子親和力と原子番号

このときに発生するエネルギー(電子親和力)が大きいほど，生じた陰イオンX^-は安定化する．すなわち，電子親和力の大きい元素ほど陰イオンになりやすいということである．原子番号と電子親和力の関係を図2.25に示す．これを見ると，一般に周期表の右上の元素ほど大きな電子親和力をもっていることがわかるだろう．たとえばハロゲン元素(F, Cl, Br, I)は電子親和力が大きく陰イオンになりやすい．一方，希ガスの原子は電子配置がきわめて安定で，電子親和力は極小値をとる．

イオン半径，イオン間距離

電子を失ったり得たりすることによって生じた陽イオンまたは陰イオンの大きさはどのようにして決まるのだろうか．また，イオン結合が生じたときのイオン間の距離はどのように見積もればいいのだろうか．

まず，陽イオンと陰イオンからなる化合物としてA^+B^-を考える．横軸にイオン間距離，縦軸に結合に関するエネルギーをとったときのグラフを図2.26に示す．ここでは，陰イオンと陽イオンが無限に遠く引き離されているときのエネルギーをゼロにとっている．図2.26のイオン間距離r_0より左側では反発力(斥力)が働き，右側ではクーロン力(引力)が作用する[*7]．その結果，イオン間距離がr_0のときにもっとも低いエネルギー状態になり安定化する．このr_0を**平衡原子間(イオン間)距離**といい，通常，この値をイオン結合の際のイオン間の距離と考える．

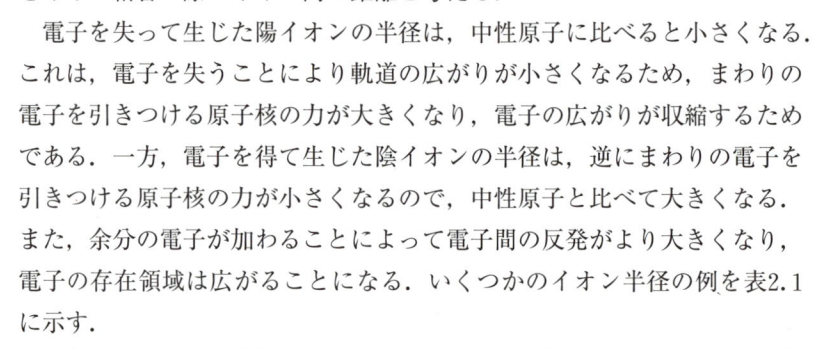

電子を失って生じた陽イオンの半径は，中性原子に比べると小さくなる．これは，電子を失うことにより軌道の広がりが小さくなるため，まわりの電子を引きつける原子核の力が大きくなり，電子の広がりが収縮するためである．一方，電子を得て生じた陰イオンの半径は，逆にまわりの電子を引きつける原子核の力が小さくなるので，中性原子と比べて大きくなる．また，余分の電子が加わることによって電子間の反発がより大きくなり，電子の存在領域は広がることになる．いくつかのイオン半径の例を表2.1に示す．

こういったイオン半径やイオン間距離はどのようにして求めるのだろう

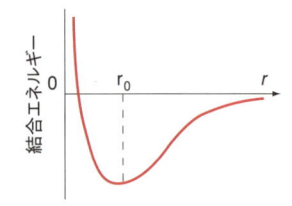

図2.26 結合エネルギーと原子間距離

[*7] 反発力(斥力)の原因は，核外電子間および原子核間の反発がイオン間距離の減少とともに大きくなるためと考えられる．

表2.1 イオン半径の値

イオン名	化学式	イオン半径(nm)
酸化物イオン	O^{2-}	0.126
フッ化物イオン	F^-	0.119
ナトリウムイオン	Na^+	0.116
マグネシウムイオン	Mg^{2+}	0.086
アルミニウムイオン	Al^{3+}	0.068

か．実験によりイオン半径あるいはイオン間距離を求めるときには，X線結晶構造解析法という方法が用いられている．その解析の結果得られるイオン間距離 R を二つのイオンに分配[*8]し，NaCl結晶におけるそれぞれのイオン半径が定められる（図2.27）．

*8 イオン間距離を陽イオンと陰イオンの半径に分配する際には，かつては，その基準として酸化物イオンの半径が使われていた．現在では，多くのフッ化物や酸化物の結晶構造を解析して得られた情報をもとに，配位数（陽イオンのまわりの陰イオンの数）を考慮してイオン半径が決められている．

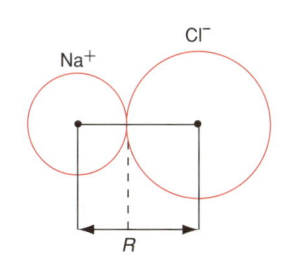

図 2.27 イオン半径とイオン間距離

イオン結合と共有結合の関係

原子間の結合は，原子間で行われる電子のやりとりの種類によって，イオン結合と共有結合に分類されることがわかった．しかし実際の物質では，必ずしも完全なイオン結合や共有結合になっているのではなく，多くの場合は両者の中間の状態，すなわちイオン結合と共有結合の両方の性格をもった結合を示す．

ここで，この二つの結合のうち，どちらに偏っているかを示す目安がつぎに述べる電気陰性度である．

電気陰性度は電子対を引きつける強さ

電気陰性度は共有結合に含まれるイオン結合性の尺度を表すものとしていくつかの定義がある．マリケンは，イオン化ポテンシャルと電子親和力の平均を電気陰性度とした．また，ポーリングは結合に使われている電子対がどちらの原子に強く引きつけられているかを求め，経験的に電気陰性度を定めた．ここでは，ポーリングによって定義された電気陰性度について考えてみよう．

二原子分子 X-Y を考え，それぞれの電気陰性度に差があるとし，それぞれの電気陰性度を χ_x, χ_y とする．ここで，$\chi_x < \chi_y$ とすると，結合電子対は図2.28のようにY原子に偏っている（分極している）ことになる．

ここで，二つの原子 X, Y の電気陰性度 χ_x, χ_y の差を考え，$P = (\chi_y - \chi_x)^2$ と定義すると，P の値は結合におけるイオン性を表している．この P の値をイオン共鳴エネルギーという．二つの原子のもつ電気陰性度の差が大きいほど，イオン共鳴エネルギーも大きくなる．

ポーリングは水素元素の電気陰性度 χ_H を2.1と仮定して，他の元素の電

ポーリング
（アメリカ：1901〜1994）

X ⋮ Y
図 2.28 分極した結合状態

表2.2 ポーリングの電気陰性度

周期\族	1	2	3	4	5	6	7	8	9	10	11	12	13	14	15	16	17
1	H 2.1																
2	Li 1.0	Be 1.5											B 2.0	C 2.5	N 3.0	O 3.5	F 4.0
3	Na 0.9	Mg 1.2											Al 1.5	Si 1.8	P 2.1	S 2.5	Cl 3.0
4	K 0.8	Ca 1.0	Sc 1.3	Ti 1.5	V 1.6	Cr 1.6	Mn 1.5	Fe 1.8	Co 1.8	Ni 1.8	Cu 1.9	Zn 1.6	Ga 1.6	Ge 1.8	As 2.0	Se 2.4	Br 2.8
5	Rb 0.8	Sr 1.0	Y 1.2	Zr 1.4	Nb 1.6	Mo 1.8	Tc 1.9	Ru 2.2	Rh 2.2	Pd 2.2	Ag 1.9	Cd 1.7	In 1.7	Sn 1.8	Sb 1.9	Te 2.1	I 2.5
6	Cs 0.7	Ba 0.9		Hf 1.3	Ta 1.5	W 1.7	Re 1.9	Os 2.2	Ir 2.2	Pt 2.2	Au 2.4	Hg 1.9	Tl 1.8	Pb 1.8	Bi 1.8	Po 2.0	At 2.2
7	Fr 0.7	Ra 0.9															

気陰性度をさまざまな実験データをもとに求めた(表2.2).この表からわかるように,電気陰性度の値にもイオン化エネルギーや電子親和力と同様に周期性が見られる.電気陰性度の値は同じ周期で見ると原子番号とともに大きくなり,また同じ族で見ると原子番号が大きくなるとともに小さくなる.

一方,結合のイオン性について,双極子モーメントの値を使って見積もることができる.たとえばHCl分子が完全なイオン結合だと仮定すると,双極子モーメントμは,電子1個の電荷$q = 1.602 \times 10^{-19}$ C,結合距離を1.27×10^{-10} m として,式(2.2)より

$$\mu = 1.602 \times 10^{-19} \text{ C} \times 1.27 \times 10^{-10} \text{ m} = 20.34 \times 10^{-30} \text{ C m}$$

となる.ところが,HClの双極子モーメントの実測値は3.47×10^{-30} C m である.この二つの値の比をとると

$$3.47 \times 10^{-30} \text{ C m} / 20.34 \times 10^{-30} \text{ C m} = 0.17$$

となり,HClは約17%のイオン結合性をもっていることがわかる.この値は,つぎに述べる電気陰性度の差から見積もったイオン性とよく一致する.

つぎに,表2.2の電気陰性度の値をもとにして,共有結合がどれくらいのイオン性をもっているのか考えてみよう.一般的に二つの元素の電気陰性度の差が大きい場合,イオン性が大きくなる.ポーリングは経験的に,

二つ元素の電気陰性度 χ_x, χ_y の差が1.7のとき約50％, 2.3のとき約75％のイオン性があるとした. たとえば, C-H間の結合では2.5－2.1＝0.4, C-F間では4.0－2.5＝1.5, O-H間では1.4となり, それぞれ約4％, 43％, 39％のイオン性があると考えた.

例題2.5 LiH分子の原子間距離 $L = 1.60 \times 10^{-10}$ m である. また双極子モーメントは 1.964×10^{-29} C m である. LiH分子におけるイオン性を求めよ. ただし, 電子1個の電荷 $q = 1.602 \times 10^{-19}$ C とする.

【解答】 約76.8％

《解説》 Li^+ と H^- が0.160 nm 離れているときの双極子モーメント μ を式(2.2)より求めると, つぎのようになる.

$$\mu \, C \, m = q \, C \times L \, m = (1.602 \times 10^{-19} \, C) \times (1.60 \times 10^{-10} \, m)$$
$$= 2.563 \times 10^{-29} \, C \, m$$

この値と, 実際の双極子モーメントの値との比がイオン性である.

$$結合のイオン性 = 1.964 \times 10^{-29} \, C \, m / 2.563 \times 10^{-29} \, C \, m$$
$$= 0.766 = 76.6 \%$$

2.4 自由電子で結びつく金属結合

金属結合が金属の性質を決める

鉄, 銅などで代表される金属は, 特有の機械的性質, 電気的性質, 熱的性質をもっている. これらの性質を, 金属元素の電子配置や金属の結晶構造から考えてみよう.

金属の結晶は, 陽イオンの規則正しい集合体の周囲を電子が取り囲んでいるというかたちをしている(図2.29). 取り囲んでいる電子は, 比較的自由に動き回ることができるので**自由電子**と呼ばれ, 金属の電気的性質, 熱的性質などに大きく関係している. このような結合は**金属結合**と呼ばれ, つぎのような特徴をもつ.

①**電気伝導性がよい**：イオンの配列の隙間を自由電子が比較的自由に動くことができるので, 金属の両端に電位差があれば電子は移動し, 電流が流れる.

②**熱伝導性がよい**：陽イオンの振動は, 自由電子により周囲にも伝わり, 熱運動が伝播していく.

③**光をよく反射する**：光があたると, 金属表面の電子が振動を受け, 光が

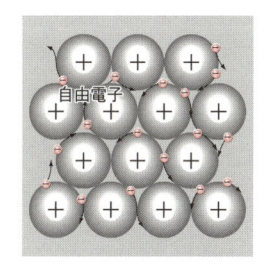

図2.29 金属結晶の様子

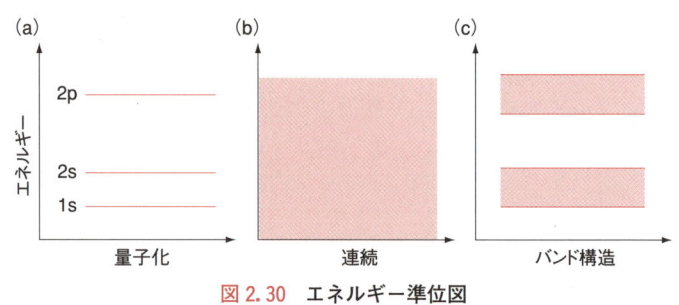

図 2.30 エネルギー準位図
(a) 孤立原子 (b) 完全自由電子 (c) 金属結晶

内部に入ることができずに反射する．
④ **曲げやすい**：金属結合は共有結合のような方向性をもたないので，曲げても結合が切れにくい．
⑤ **展性・延性を示す**：自由電子に囲まれた陽イオンの集団は位置を変えやすいので，結合を切ることなく伸ばすことができる．

1章で述べたように，孤立した原子の電子のエネルギーは，図2.30(a)のようにとびとびの値をとる[*9]．金属結晶のなかの自由電子が原子核からの束縛を受けずに完全自由にふるまう電子であるとすれば，そのエネルギーは図2.30(b)のようになる．ところが，現実の自由電子は陽イオンの枠組みなどによる束縛を受けるので，そのエネルギーは図2.30(c)のように幅をもった分布になる．このような幅をもったエネルギー準位は**エネルギーバンド**と呼ばれ，金属の電気的性質，熱的性質の詳細な説明の際のモデルとしてしばしば使われる．

[*9] これを「量子化している」という．

☞ **one rank up !**
バンドが形成されるわけ
金属結晶のもつエネルギー準位に幅ができる，すなわちエネルギーバンドが形成されるのは，結晶を構成する膨大な数の金属原子が，一定の距離を保って接近しているためである．金属結晶では原子の数と同じだけの分子軌道ができることになる．各分子軌道のもつエネルギー準位も接近することになり，その結果，バンド構造を形成する．

2.5 弱いが重要な二次結合

電荷の偏りが引き起こす水素結合

共有結合，イオン結合，金属結合は化学結合のなかでも比較的強く，一次結合と呼ばれる．これから述べる**水素結合**，**ファンデルワールス力**は比較的弱い結合で，二次結合に分類される．しかし，物質の性質を考える上で二次結合の役割を無視することはできない．

日常生活でもっともなじみ深い物質である水 H_2O は，水素と酸素からなる化合物であるが，化学的性質はたいへん特殊である．その特殊な性質を，水分子のもつ化学結合の状態から考えてみよう．

酸素原子の電子配置を図2.31(a)に示す．2p軌道にある2個の不対電子が結合に関与すると考えた場合，図2.32(a)のように水素原子の1s軌道の不対電子とσ結合をつくり，二つのO-H結合は90°の角度で結合することになる．ところが，実際の水分子の結合角は104.5°であることがわかって

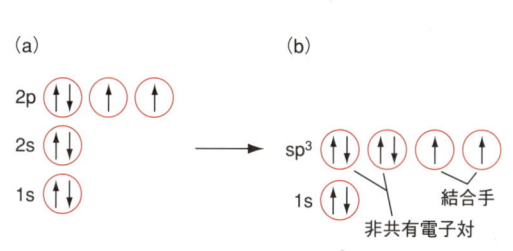

図 2.31 酸素原子の電子配置と sp³ 混成軌道の形成
(a) 原子価状態　(b) sp³ 混成状態

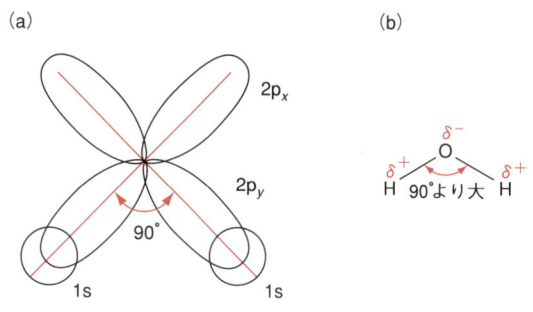

図 2.32 水分子における結合角
(a) 90°の場合　(b) 90°より大きい場合

いる．理由の一つは，O-H 間の電荷の偏りによって，正電荷を帯びた水素原子どうしが反発し，図2.32(b)のように90°よりわずかに広い結合角になることである．もう一つの理由は，酸素原子に sp³ 混成軌道ができると考えると，四つの sp³ 混成軌道のうち，二つには水素原子と結合する不対電子があり，残りの二つには 2 個の電子が非共有電子対（孤立電子対）として収容されることにある〔図2.31(b)〕．ここで，非共有電子対を収容している二つの sp³ 混成軌道は，原子核の近くに存在するため互いに反発している．メタン分子の場合のような sp³ 混成軌道では109.5°の結合角になるが，水では非共有電子対どうしの反発の影響を受け少し小さくなり，104.5°の結合角となるのである．

O-H 結合には電子の偏り（分極）があり，O が $\delta-$ に，H が $\delta+$ に帯電している．したがって，ある水分子の $O^{\delta-}$ と別の水分子の $H^{\delta+}$ の間には静電気力（引力）が働く．これを水素結合といい，共有結合の約 2 倍の結合距離をもつ．

コラム　タイタニック号を沈めた水素結合

水のもつ化学的・物理的性質は水分子の構造から説明できる．たとえば，水の入ったコップに氷のかけらを一つ入れたらどうなるだろうか．もちろん「氷が水に浮く」というのが正解である．しかし，この「氷が水に浮く」という現象はとても不思議な現象である．一般には固体状態の方が液体状態よりも密度が大きく，氷は沈むはずなのである．

つぎに，水のなかに沈んでいる氷の体積に注目してみよう．水面より上にでている体積よりも，ずっと大きいことがわかるだろう．

これらの性質は水に特有のもので，氷（固体状態）では水分子間に水素結合があるため「隙間」の多い構造となり，密度が水（液体状態）より小さくなるためにこのような現象が生じる．

海に浮かぶ氷河もコップの氷と同様で，海面の下には，水面に見えている氷の数十倍もの体積の氷が隠れている．

タイタニック号も海面に浮かぶ氷河の大きさからは想像できない巨大な氷河のかたまりに衝突して沈没したのであろう．

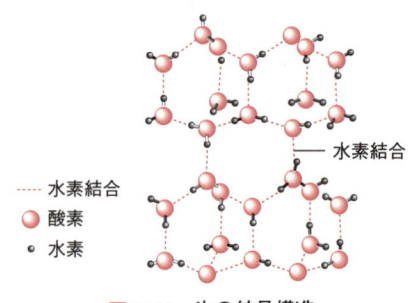

図 2.33 氷の結晶構造

　氷の場合，sp^{3}混成軌道による四面体構造が水素結合によって結びつくため隙間の多い構造となり，密度は小さくなる（図2.33）．液体状態である水の場合，この水素結合による結合を保ちながら，ある程度自由に水分子が動くため，氷の場合と比べて密度が大きくなり，その結果，密度は4℃のときに最大となる．

　また，水素結合の影響によって，水分子は同族の水素化合物に比べて，たいへん高い融点・沸点をもつ．同様に，NH$_3$やHFも同族内で比較すると，異常に高い融点をもつ．いずれも，分子間の水素結合を切り離すのにエネルギーが必要になるからである．

ファンデルワールス力

　すでに述べた共有結合，イオン結合のような一次結合を考えるときには，構成原子どうしの電子のやりとりのみを考慮する．したがって，閉殻構造の電子配置をもった希ガス元素などは原子価をもたず，共有結合やイオン結合などの一次結合はしないと考える．ところが，希ガスだけでなく，その他の気体（酸素，水素など）も冷却すると液体状態になる[*10]．また，有機化合物については分子内の結合は共有結合で説明できるが，分子間の結合は電子のやりとりによる一次結合では説明できない．

　このような物質の状態を説明するのに，分子間に働く比較的弱い結合であるファンデルワールス力の考えが導入された．この結合は気体，液体，固体の順に大きく作用する．とくに，固体状態において結晶状態を保つ凝集力としてファンデルワールス力が関与する場合，その固体を分子結晶と呼ぶ．

　それでは，このファンデルワールス力は，どのような力なのか考えてみよう．ある分子において，たとえ分子内に電荷分布の偏りがなくても，瞬間的にはつねに分子内に電荷の変位が生じている（図2.34）．このような電荷の"ゆらぎ"がファンデルワールス力の原因だと考えられており，ファンデルワールス力による結合は"ゆらぎの結合"ともいわれることがある．瞬間的な電荷の偏りのため分子どうしが静電気的な力で結合するが，決して

[*10] 希ガスであるアルゴンも冷却すると87Kで液化，84Kで固化するが，このときアルゴンどうしはファンデルワールス結合で弱く凝集している．

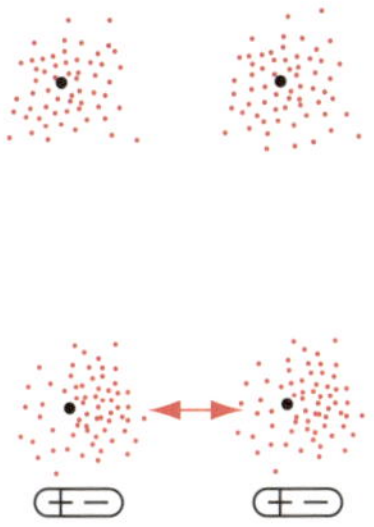

図2.34 ファンデルワールス力の原因 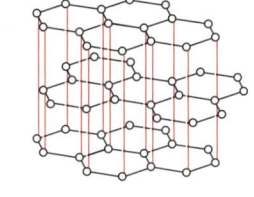　　図2.35 グラファイトの結晶構造

強い結合ではない.

分子結晶の例としてグラファイト(石墨)の結晶を見てみよう(図2.35). グラファイトは炭素原子が sp^2 混成軌道により六角板状に結合した層が, 少しずれながら重なった構造をとっている. 層内の炭素どうしは共有結合で結びついているが, 層と層の間には 2p$_z$ 軌道の電子があり, ファンデルワールス力に寄与している. 層内の炭素間結合[*11]の距離は約 0.14 nm であるが, 層間の結合距離は約 0.34 nm であり, ファンデルワールス力によって, 比較的弱く結合していることがわかる. したがって, グラファイトは層間で結合が切れやすく, すべりが起こる. また, 層に沿って電子が流れやすいこともわかっている.

*11 C-C の共有結合のこと.

章末問題

1] つぎに示すイオンのイオン化ポテンシャルの大きさから, イオンの大きさの順番を求めよ.

　　Na$^+$: 47.29 eV　　Al^{3+} : 119.96 eV　　Mg^{2+} : 80.12 eV

2] 塩化セシウム(CsCl)の分子にみられる結合のイオン性を求めよ. ただし, 原子核間距離を 0.29×10^{-9} m, 実測による双極子モーメントの値を 35.0×10^{-30} C m とする.

3] ナフタレン C$_{10}$H$_8$ の共鳴構造をすべて示せ.

4] 図 2.20(b) に示すメタン分子の四面体中に見られる結合角は 109°28′ になることを示せ.

3章
化学反応と量的関係

　赤色と白色の絵の具を混ぜると，その割合によって，さまざまなピンク色の絵の具が得られる．ところが，化学反応はこの絵の具の混合とはまったく異なる性質をもっている．化学反応の大きな特徴の一つは，反応する物質の量が必ず一定の比になることである．決して，反応する物質（反応物という）がすべて反応して新たな物質（生成物という）になるのではなく，多すぎる場合には未反応のまま残ってしまう．このような，それぞれの化学反応における固有の量的関係を決めているのが，原子や分子の存在とその構成，さらには反応の形式である．この章では，そういった，化学反応と原子や分子の量的関係について学んでいこう．

3.1　化学反応における量の表現のしかた

原子量は原子の重さを表す

　原子1個の質量はどのくらいなのであろうか．原子1個の質量はたいへん小さいので，たとえばグラム単位で扱うと，きわめて不便である*1．そこで，今日ではIUPAC（International Union of Pure and Applied Chemistry 国際純正および応用化学連合）が，^{12}Cの質量を12とし，これを相対質量の基準に定めて，各原子の相対質量を求めている*2．さらに，同位体の存在比を考慮して，元素ごとの原子の**相対質量**を求めている．この各元素の相対質量が**原子量**である（表3.1）．

　たとえば，水素の原子量はつぎのように求められる．水素には，$^{1}_{1}H$と$^{2}_{1}H$（重水素という）の2種類の同位体がそれぞれ99.985％，0.015％の比

*1　$^{1}_{1}H$ 1個の質量は1.6735×10^{-24} g

*2　^{12}C 1個の質量は1.9926×10^{-23} g

表3.1　おもな元素の原子量の概数

元素	H	C	N	O	Na	Mg	Al	S	Cl	Ca	Fe	Cu
原子量	1.0	12	14	16	23	24	27	32	35.5	40	56	63.5

本書の例題ではこの値を使うが，実験などでは必要に応じて，より正確な値を用いること．

*3 同位体の自然界での存在比は，場所によらずほぼ一定である．

で存在している*3．$^1_1$H と $^2_1$H の相対質量はそれぞれ 1.0078 と 2.0142 である．ここから，水素の原子量をつぎのように算出する．

$$1.0078 \times \frac{99.985}{100} + 2.0142 \times \frac{0.015}{100} = 1.0080$$

原子の数を示すアボガドロ数

^{12}C の原子を 12 g 集めてきたとき，そこに ^{12}C 原子は何個含まれるのであろうか．＊2 で示した値を用いると

$$\frac{12\,\mathrm{g}}{1.9926 \times 10^{-23}\,\mathrm{g}} = 6.02 \times 10^{23}$$

と求められる．この数を**アボガドロ数**といい，N または N_A という記号で表す．逆にいうと，アボガドロ数個(6.02×10^{23} 個)の ^{12}C の質量は 12 g ということになる．同様に，原子量 A の原子をアボガドロ数個集めると，その質量は A g になる．

アボガドロ
（イタリア：1776〜1856）

例題3.1 (1) ナトリウムの原子量を 23 とする．ナトリウム 4.6 g 中には何個の原子が含まれるか．

(2) アルミニウムの原子量を 27 とすると，1 円硬貨 1 枚（1.0 g でアルミニウムのみからできているとする）に含まれるアルミニウムの原子数は何個か．ただし，アボガドロ数を 6.0×10^{23} とする．

【解答】 (1) 1.2×10^{23} 個　(2) 2.2×10^{22} 個

《解説》 (1) ナトリウム 23 g 中に 6.0×10^{23} 個の原子が含まれるから，4.6 g 中には

$$6.0 \times 10^{23} \times \frac{4.6}{23} = 1.2 \times 10^{23}\,\text{個}$$

(2) アルミニウム 27 g 中に 6.0×10^{23} 個の原子が含まれるから，1 g 中には

$$6.0 \times 10^{23} \times \frac{1.0}{27} = 2.22 \times 10^{22}\,\text{個}$$

アボガドロ数個をひとまとまりと考える物質量

アボガドロ数個の粒子の集団を 1 単位として扱うと，異なる元素の原子間の質量と粒子数の関係がわかりやすくなる．そこで，アボガドロ数個の

粒子の集団を 1 **モル**(mol)と呼ぶ．さらに，モルを単位として計った粒子の集団を**物質量**という．原子量 A の原子 1 mol の質量は A g になる．具体的には，たとえば，炭素，酸素の原子量をそれぞれ12，16とすると，これらの原子0.20 mol の質量は，$12 \times 0.20 = 2.4$ g，$16 \times 0.20 = 3.2$ g などとなる．

分子量は分子の相対質量を表す

分子式に含まれるすべての原子の原子量の和を**分子量**という．分子量は原子量と同じく ^{12}C = 12 としたときの分子の相対質量を表している．したがって，分子量 M の分子 1 mol の質量は M g になる．たとえば，水分子 H_2O の分子量は，表3.1の値を使うと，つぎのように求められる．

$2 \times 1.0 + 16 = 18$

同様に，メタン CH_4，アンモニア NH_3 の分子量は，それぞれ

$12 + 4 \times 1.0 = 16$
$14 + 3 \times 1.0 = 17$

などとなる．

イオン性物質の相対的な質量は式量で表す

イオンの質量は，中性原子に比べて，授受した電子の質量分だけ増減する．しかし，電子の質量は，陽子や中性子の質量に比べて無視できるほど小さいので，電子の質量の増減は無視し，イオン式に対応する原子量を用いる．このとき，原子量ではなく「**式量**」という．たとえば，Na^+ の式量は23（Na の原子量と同じ）である．

また，イオン結晶など，分子を形成しない物質についても，組成式中の原子量の和を式量と呼ぶ[*4]．たとえば，塩化ナトリウム NaCl の式量は58.5である．多原子イオンについても式量を用いる．たとえば，SO_4^{2-} の式量は96である．

イオン結晶の物質量は，組成式で表される粒子が存在すると仮定して，それをモルの単位で表す．たとえば，塩化ナトリウム NaCl では，Na^+，Cl^- それぞれ 1 個からできている仮想的な粒子 NaCl についての物質量を考える．したがって，NaCl 1 mol といえば，Na^+ と Cl^- がそれぞれアボガドロ数個（6.02×10^{23} 個）存在し，NaCl = 58.5 だから，その質量は58.5 g ということになる．

*4 式量は，原子量や分子量も含んだ，より広い意味の用語である．

例題3.2 つぎの問い(1)(2)に答えよ．ただし，原子量は表3.1の値を用いよ．また，アボガドロ数は 6.0×10^{23} とせよ．

(1) 0.90 g の水について，(a) 物質量，(b) それに含まれる酸素原子の質量，(c) 水素原子の物質量，(d) 水素原子の個数を求めよ．

(2) 11.1 g の塩化カルシウム $CaCl_2$ について，(a) 物質量，(b) そこに含まれる Ca^{2+} の質量，(c) Cl^- の物質量，(d) Cl^- の個数を求めよ．

【解答】 (1) (a) 0.050 mol (b) 0.80 g (c) 0.10 mol
(d) 6.0×10^{22} 個

(2) (a) 0.100 mol (b) 4.0 g (c) 0.200 mol
(d) 1.2×10^{23} 個

《解説》(1) 水の分子量は18，酸素の原子量は16である．

(a) $\dfrac{0.90}{18} = 0.050$ mol

(b) 酸素原子の質量は，分子量中の酸素原子の原子量の割合に比例する．分子量は18でそのうち酸素原子の質量は16の割合を占める．よって

$$0.90 \times \dfrac{16}{18} = 0.80 \text{ g}$$

(c) 水素原子は H_2O 分子中に 2 個含まれているから，H_2O の物質量の 2 倍である．

$$0.050 \times 2 = 0.10 \text{ mol}$$

(d) $0.10 \times 6.0 \times 10^{23} = 6.0 \times 10^{22}$ 個

(2) $CaCl_2 = 111$，$Ca = 40$ を用いる．

(a) $11.1/111 = 0.100$ mol

(b) $11.1 \times \dfrac{40}{111} = 4.0$ g

(c) 組成式 $CaCl_2$ 中に Cl^- は 2 個含まれているので，$CaCl_2$ の物質量の 2 倍である．

$$0.100 \times 2 = 0.200 \text{ mol}$$

(d) $0.200 \times 6.0 \times 10^{23} = 1.2 \times 10^{23}$ 個

モル濃度

物質量(mol)を用いて表す濃度を**モル濃度**(単位は mol/dm^3)という．通常は体積 $1 dm^3$ あたりに存在する物質量で表す．たとえば，容積 $5 dm^3$ の容器に酸素が $1 mol$ 存在していれば，そのモル濃度はつぎのようになる．

$$\frac{1}{5} = 0.2 \text{ mol/dm}^3$$

例題3.3 濃硫酸 H_2SO_4 は，密度が1.8 g/cm^3，濃度が98％の水溶液である．つぎの問に答えよ．ただし，原子量は表3.1の値を用いよ．

(1) 濃硫酸のモル濃度を求めよ．
(2) 濃度0.10 mol/dm^3の希硫酸500 cm^3をつくるには濃硫酸が何cm^3必要か．

【解答】 (1) 18 mol/dm^3　　(2) 2.8 cm^3

《解説》 $H_2SO_4 = 98$を用いる．

(1) 濃硫酸1 dm^3に含まれるH_2SO_4の物質量を求めればよい．1 dm^3は1000 cm^3だから

$$1000 \times 1.8 \times \frac{98}{100} \times \frac{1}{98} = 18 \text{ mol/dm}^3$$

(2) 求める体積を$x \text{ cm}^3$とする．このなかに含まれるH_2SO_4の物質量と，0.10 mol/dm^3の希硫酸500 cm^3中に含まれる物質量が等しいから

$$18 \times \frac{x}{1000} = 0.10 \times \frac{500}{1000} \quad \therefore \quad x = 2.77 \text{ cm}^3$$

気体の体積と物質量の関係

1811年，アボガドロは「同温，同圧，同体積中の気体には，気体の種類に関係なく，同じ数の分子が含まれる」という，アボガドロの仮説を提唱した．後にこの仮説は証明され，今日では**アボガドロの法則**といわれている．**標準状態**（0 ℃，$1.01 \times 10^5 \text{ Pa}$）で$1 \text{ mol}$の気体の体積は気体の種類によら

☞ one rank up！
標準状態
圧力の標準状態は，101.32 kPa（$= 1 \text{ atm}$）と決められている．温度については，一般には標準状態はとくに決められてはいない．0 ℃もしくは25 ℃とする場合が一般的である．

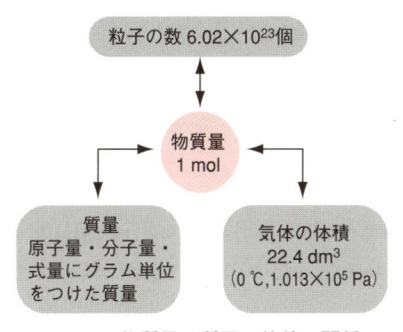

図3.1 物質量，質量，体積の関係
物質量を中心に，質量，体積，粒子数に換算できる．

*5 このような気体を理想気体という．実際の気体は22.4 dm³から，いくらかずれる．

ず，22.4 dm³ になる*5．

また，このことから，物質量を中心に，単位を換算できることがわかる（図3.1）．

3.2　化学反応式で物質の変化を表現する

化学反応式の本質

化学反応では，原子間の結合の組替えが生じるだけで，反応前後において原子は消滅も生成もしない．このことが化学反応の本質である．たとえば，水素 H_2 と酸素 O_2 が反応して水 H_2O が生じるときの原子間の結合の組替えは，つぎの図3.2のようになる．これを，化学式を用いて表すとつぎのようになる．

$$2H_2 + O_2 \longrightarrow 2H_2O$$

ここで，水素分子 H_2 の前についている2を**係数**といい，水素分子が2個あることを表している．したがってこの反応式は，水素分子2個と酸素分子1個が反応して水分子が2個生じることを示している．このとき，反応前の物質(**反応物**という)の水素原子と酸素原子の数はそれぞれ4個と2個であり，反応後の物質(**生成物**という)の水素原子と酸素原子もそれぞれ4個と2個であることに注意してほしい．これが，先にも述べた「反応前後において原子は消滅も生成もしない」ということである．

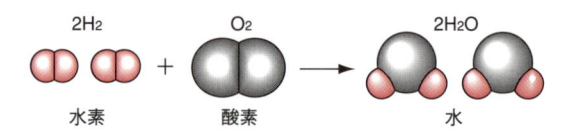

図 3.2　化学反応
水素分子と酸素分子から水分子ができる様子．

化学反応式のつくり方

化学反応式はつぎの手順でつくる．

*6 反応物や生成物が2種類以上あるときは，＋で結ぶ．

①反応物の化学式を左辺に書き，生成物の化学式を右辺に書く*6．
②両辺を矢印で結び，両辺で同じ種類の原子の数が一致するように，各物質の係数を決める．

具体的につくってみよう．たとえば，エタン C_2H_6 が完全燃焼して二酸化炭素 CO_2 と水 H_2O が生じるときの反応式はつぎのようになる．

$$2C_2H_6 + 7O_2 \longrightarrow 4CO_2 + 6H_2O$$

これを，先ほどの手順でつくっていこう．まず，反応物と生成物の化学式

を書き，矢印で結ぶとつぎのようになる．

$$C_2H_6 + O_2 \longrightarrow CO_2 + H_2O$$

ここで，C_2H_6 の係数を仮に 1 とおくと，炭素原子 C と水素原子 H の数が左辺と右辺で等しくなることから，生成物の CO_2 と H_2O の係数がそれぞれ 2 と 3 になる．

$$C_2H_6 + O_2 \longrightarrow 2CO_2 + 3H_2O$$

つぎに，CO_2 と H_2O の係数から，右辺の酸素原子 O の数は 7 個であることがわかる．よって，左辺の酸素分子 O_2 の数は，7/2 個になる．

$$C_2H_6 + \frac{7}{2}O_2 \longrightarrow 2CO_2 + 3H_2O$$

係数はもっとも簡単な整数で表す必要があるので，両辺を 2 倍する．

$$2C_2H_6 + 7O_2 \longrightarrow 4CO_2 + 6H_2O$$

以上のような手順で，反応式をつくることができる．

例題3.4 係数をつけて，つぎの反応式を完成せよ．
(1) $NH_3 + O_2 \longrightarrow NO + H_2O$
(2) $Cu + HNO_3 \longrightarrow Cu(NO_3)_2 + H_2O + NO$
(3) $H_2S + SO_2 \longrightarrow H_2O + S$
(4) $C_3H_6 + O_2 \longrightarrow CO_2 + H_2O$

【解答】 (1) $4NH_3 + 5O_2 \longrightarrow 4NO + 6H_2O$
(2) $3Cu + 8HNO_3 \longrightarrow 3Cu(NO_3)_2 + 4H_2O + 2NO$
(3) $2H_2S + SO_2 \longrightarrow 2H_2O + 3S$
(4) $2C_3H_6 + 9O_2 \longrightarrow 6CO_2 + 6H_2O$

《解説》 (1) H の数に着目する．左辺で奇数，右辺で偶数だから，NH_3 の係数を 2，H_2O の係数を 3 と仮定して作業を進めるとスムーズにいく．
(2) これはやや複雑である．
① まず，H に着目する．右辺の H_2O の係数と，左辺の HNO_3 の係数の比は 1：2 となる．
② つぎは，N と O に着目する．左辺には HNO_3 しかなく，右辺には $Cu(NO_3)_2$ 以外に H_2O と NO がある．よって，これらが含む O と N の数より考えて，H_2O と NO の係数の比は 2：1 のはずである．そこで，H_2O の係数を 2 とする（左辺では，N：O = 1：3 であるから，右辺でもその関係は成り立つ．そのためには，H_2O：NO = 2：1

☞ **one rank up！**
分子の名前
例題3.4にでてくる分子の名前．
NH_3　アンモニア
NO　一酸化窒素
HNO_3　硝酸
$Cu(NO_3)_2$　硝酸銅(Ⅱ)
H_2S　硫化水素
SO_2　二酸化硫黄
C_3H_6　プロペン（プロピレン）

であることが必要).
③すると，①より，HNO_3 の係数は 4 となる．
④NO の係数は 2 となる．
⑤すると，H_2O の係数は，②より 4 となる．
⑥HNO_3 の係数は 8 となる．
⑦Cu および $Cu(NO_3)_2$ の係数は 3 となる．
(3) まず，O の数に着目し，H_2O の係数を 2 と仮定して進めればよい．
(4) エタン C_2H_6 の燃焼と同じように考えればよい．

化学反応式の根拠となる法則

1774年，フランスのラボアジェは，化学反応の前後で物質の総質量は変化しないことを発見した．これを，質量保存則という．今日では当然と思われていることでも，昔は違ったのである．

ついで1799年，フランスのプルーストは，化合物中の成分元素の質量比は，化合物のつくりかたなどによらず一定であることを発見した．これを定比例の法則という．

1803年，イギリスのドルトンは，2種類の元素からなる化合物が複数種類あるとき，一方の元素の一定量に化合する他方の元素の質量の比は簡単な整数比になることを原子説から導いた．これを倍数比例の法則という．たとえば，窒素の酸化物 N_2O，NO，NO_2 では，一定量の窒素に化合する酸素の質量の比は，1：2：4 となる．

以上のように，今日の化学の基礎は原子説をはじめとする粒子論によって支えられていることがわかる．化学という学問には，粒子論的概念が根底に横たわっているのである．

3.3 化学反応式と物質の量の関係

係数の比は物質量の比

反応式を見れば，係数から反応物や生成物の分子数の関係がわかる．

$$2H_2 + O_2 \longrightarrow 2H_2O$$

たとえばこの反応で，O_2 は 1 mol であるとする．すると，H_2 や H_2O の物質量はその 2 倍になるから，それぞれ 2 mol である．すなわち，係数によって，反応にかかわる物質の物質量の関係がわかる．

物質量の関係がわかれば，そこから質量の関係も簡単に導くことができる．

---

one rank up !

質量保存則を証明した実験

ラボアジェはレトルト(下図)と呼ばれる密閉ガラス容器にスズを入れ，それを加熱し酸化スズを得た．そして，反応の前後で全質量は変化しないことを確かめた．

ドルトン
(イギリス：1766～1844)

$$2H_2 + O_2 \longrightarrow 2H_2O$$

物質量	2 mol	1 mol	2 mol
質量	2×2 g	32×1 g	18×2 g

ここで，2×2 g $+ 32 \times 1$ g $= 18 \times 2$ g となっていることに注意してほしい．質量保存の法則が成り立っている．

例題3.5 つぎの反応において，2.8 g の窒素を用いたところ，反応が進行し，窒素は全量消費された．

$$3H_2 + N_2 \longrightarrow 2NH_3$$

つぎの各問に答えよ．
(1) 用いた窒素の体積は標準状態（0 ℃，1.013×10^5 Pa）で何 dm^3 か．
(2) 反応した水素の質量は何 g か．
(3) 生成したアンモニアの質量は何 g か．
(4) 生成したアンモニアの体積は標準状態（0 ℃，1.013×10^5 Pa）で何 dm^3 か．
(5) 反応に用いた水素の体積が標準状態で 10 dm^3 であったとすると，反応後に何 dm^3 残っているか．

【解答】　(1) 2.2 dm^3　(2) 0.60 g　(3) 3.4 g　(4) 4.5 dm^3
(5) 3.3 dm^3

《解説》　$N_2 = 28$，$H_2 = 2$，$NH_3 = 17$ を用いる．

(1) $\dfrac{2.8}{28} \times 22.4 = 2.24 \ dm^3$

(2) 反応に要する H_2 の物質量は N_2 の 3 倍である．

$$\dfrac{2.8}{28} \times 3 \times 2 = 0.60 \ g$$

(3) 生成した NH_3 の物質量は N_2 の 2 倍である．

$$\dfrac{2.8}{28} \times 2 \times 17 = 3.4 \ g$$

(4) $\dfrac{2.8}{28} \times 2 \times 22.4 = 4.48 \ dm^3$

(5) 反応した水素の体積は　$\dfrac{2.8}{28} \times 3 \times 22.4 = 6.72 \ dm^3$

よって，残った水素は　　10 − 6.72 = 3.28 dm^3

矛盾をはらんだ気体反応の法則

1808年，ゲイ・リュサックは「同温，同圧で比較すると，反応に関与する気体の体積は簡単な整数比になる」ことを発見した．これを**気体反応の法則**という．しかし，当時は気体の粒子を原子と考えていたので，このことは大きな矛盾を示すことになった．なぜなら，図3.3からわかるように，気体の粒子を原子とすると，水の生成を説明しようとするとき，酸素原子が二つに分割することになってしまうからである．

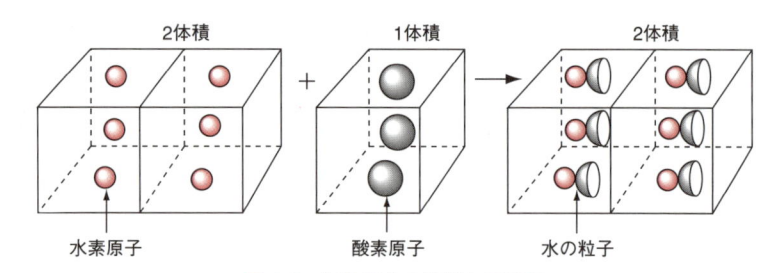

ゲイ・リュサック
（フランス：1778〜1850）

図 3.3 気体反応の法則と原子説
気体の粒子が原子そのものであるとすると，酸素分子が分割することになる．

アボガドロの分子説が矛盾を解明

気体反応の法則と原子説との矛盾を解明したのが**アボガドロの分子説**である．1811年，アボガドロは気体の粒子は原子ではなく，原子がいくつか結合した分子からできていると考えると，気体反応の法則を矛盾なく説明できることを示した（図3.4）．なお，気体は，同温・同圧・同体積においては，気体の種類に関係なく同数の分子（原子ではなく）を含むと考えた．

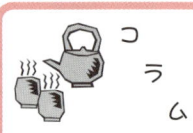

コラム　50年もかかった分子説の受け入れ

アボガドロが分子説を発表したのは1811年であるが，それが化学界で受け入れられたのは何と1860年のことであった．このとき，アボガドロはすでにこの世を去っていた．いまの時点で振り返ればきわめて合理的な考え方のはずだが，どうしてこんなに時間を要したのだろうか．

その理由の一つには，当時の化学者の物質観があげられる．原子が結合して化合物をつくるしくみ（ドルトンの原子説）は，電気の正負が引きあう（異種のものが引きあう）ようなものと見なされていた．そのため，同種の原子が結合して分子をつくることは理解しにくかったのである．

いまの化学を支えている理論の一つである分子説を発表したにもかかわらず，生前には認められなかった彼は，いまどんな気持ちでわれわれの世界を見つめているのだろうか．

もしかすると，現在の世界にも，第二のアボガドロがいるのかもしれない．

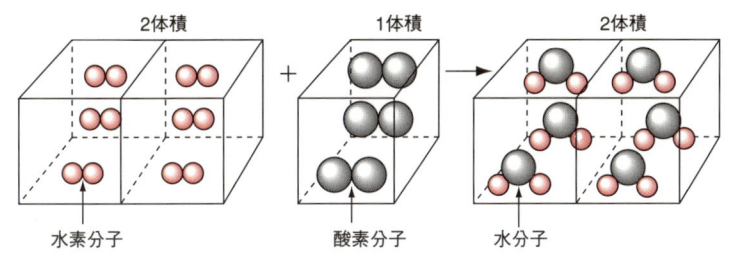

図 3.4 **気体反応の法則と分子説**
気体粒子が分子からできていると仮定すると，気体反応の法則を矛盾なく説明できる．

章末問題

1 つぎの(1)〜(5)の文は，化学の基本法則について述べたものである．該当する基本法則の名称と提唱者の名前を答えよ．

(1) 窒素 28 g と水素 6 g とが過不足なく反応して生じるアンモニアの質量は 34 g である．

(2) 窒素と水素が反応してアンモニアを生成するとき，反応物・生成物各気体の同温，同圧での体積の比は，1：3：2 である．

(3) 一酸化窒素 NO と二酸化窒素 NO_2 において，窒素 14 g と化合する酸素の質量はそれぞれ 16 g と 32 g であり，その比は 1：2 である．

(4) アンモニアを構成する窒素と水素の質量の比は，製造過程や原料によらず，必ず 14：3 である．

(5) 窒素がある温度，圧力である体積を占めているとする．これと同じ温度，圧力で水素が占めている体積がその 2 倍であるとき，水素分子の数は窒素分子の数の 2 倍である．

2 塩素の同位体 ^{35}Cl, ^{37}Cl の存在比を 75.0 %，25.0 % として，塩素の原子量を求めよ．ただし，^{35}Cl, ^{37}Cl の相対質量をそれぞれ 35.0，37.0 とする．

3 表 3.1 の原子量の値を用いて，0.20 mol の酸素 O_2，0.50 mol の窒素 N_2，3.0 mol のアンモニア NH_3 の質量をそれぞれ求めよ．

4 $0.5\,mol/dm^3$ の水素が $4\,dm^3$ ある．このとき，水素の物質量は何 mol か．また水素の質量は何 g か．ただし，水素の原子量は 1 とせよ．

5 x g の酸化銅(II) CuO を過剰な水素 H_2 と反応させると銅 y g と水が生じた．このような反応を水素による還元反応という．つぎの問に答えよ．

(1) この還元反応の反応式を示せ．

(2) 酸素 O の原子量を 16 として，銅 Cu の原子量を x, y を用いて示せ．

6 $0.10\,\mathrm{mol/dm^3}$ の硫酸 H_2SO_4 $10\,\mathrm{cm^3}$ と濃度未知の水酸化ナトリウム NaOH 水溶液を反応させたところ，過不足なく反応するのに $5.0\,\mathrm{cm^3}$ を要した．このときの反応は次の反応式で示される．

$$H_2SO_4 + 2NaOH \longrightarrow Na_2SO_4 + 2H_2O$$

(1) この水酸化ナトリウム水溶液のモル濃度を求めよ．
(2) 反応した H_2SO_4 の質量を求めよ．
(3) 生成した Na_2SO_4 の物質量を求めよ．
(4) 生成した H_2O の質量を求めよ．

7 アセチレンを完全燃焼させると非常に高い温度になるため，アセチレンは溶接に利用されている．ある温度，圧力のアセチレン C_2H_2 が $1.0\,\mathrm{dm^3}$ あるとする．これと同温・同圧の酸素 $10\,\mathrm{dm^3}$ を混合して，C_2H_2 を完全燃焼させた．つぎの問に答えよ．
(1) 完全燃焼の反応式を示せ．
(2) この温度・圧力で測って，O_2 は何 $\mathrm{dm^3}$ 残ったか．
(3) 同じく CO_2 は何 $\mathrm{dm^3}$ 生じたか．
(4) 生じた水はすべて液体とすると，この温度・圧力での燃焼後の混合気体の体積は何 $\mathrm{dm^3}$ か．

8 つぎの問いに答えよ．
(1) $5.0\,\mathrm{mol/dm^3}$ の水溶液を希釈して，$0.10\,\mathrm{mol/dm^3}$ の水溶液 $40\,\mathrm{dm^3}$ を得るには，$5.0\,\mathrm{mol/dm^3}$ の水溶液が何 $\mathrm{dm^3}$ 必要か．
(2) 濃度 $90\,\%$，密度 $1.8\,\mathrm{g/cm^3}$ の濃硫酸 $0.20\,\mathrm{dm^3}$ を希釈して $10\,\mathrm{dm^3}$ の希硫酸をつくった．この希硫酸のモル濃度を求めよ．ただし，$H_2SO_4 = 98$ とする．
(3) $0.20\,\mathrm{mol/dm^3}$ の NaOH 水溶液（水溶液 A）$0.10\,\mathrm{dm^3}$ と $0.50\,\mathrm{mol/dm^3}$ の NaOH 水溶液（水溶液 B）$0.20\,\mathrm{dm^3}$ を混合した後，希釈して $0.50\,\mathrm{dm^3}$ の水溶液とした．この水溶液のモル濃度を求めよ．

4章
物質の三態

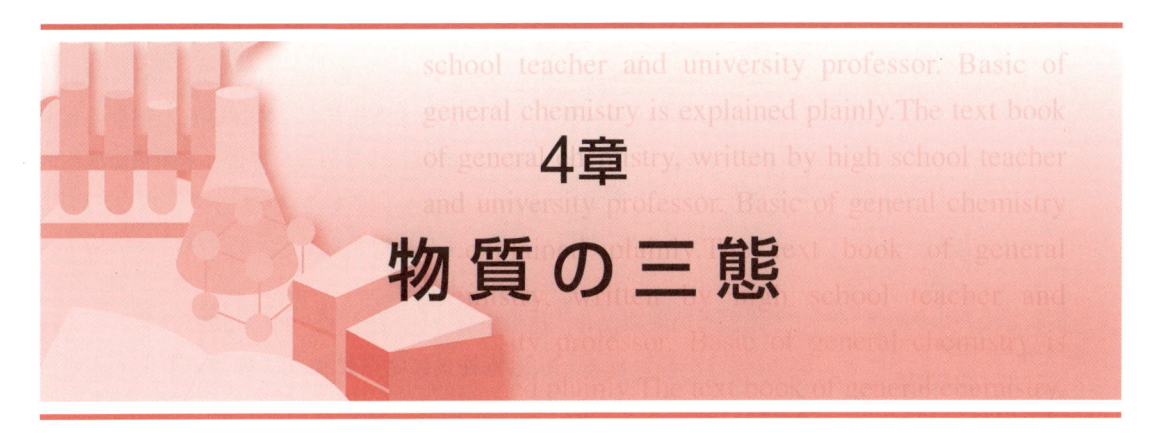

物質は温度と圧力によって，固体，液体，気体のうち，いずれかの状態をとる．状態の違いは物質を構成する粒子（すなわち，原子および分子）の集合状態の違いによって引き起こされる．粒子間の相互作用（引力と斥力）の結果生じる凝集力のもっとも大きい状態は物質の三態のうち固体であり，液体，気体の順に小さくなる．また，温度に比例する粒子の熱運動は，固体，液体，気体の順で大きく集合状態に影響する（図4.1）．

この章では，気体，固体，液体の順でそれらの状態と性質を述べ，さらに状態間の変化についても触れる．

4.1 理想気体と実在気体

現実には存在しない理想気体

まずは，物質の三態のうちの気体に注目して，その集合状態および性質について考えてみよう．気体の性質を考えるときに，そのふるまいを簡略化するために用いられるのが理想気体のモデルである[*1]．理想気体の条件は，つぎの通りである．

① 気体分子を質点と見なし，気体自身の体積を無視する
② 分子間に働く相互作用（斥力，引力）を無視する

以上のような条件を満たす気体は，状態方程式 $PV = nRT$ に従い，また混

*1 現実に存在する気体は理想気体のモデルでは十分に説明できず，いくつかの補正を加えた実在気体のモデルで説明される．

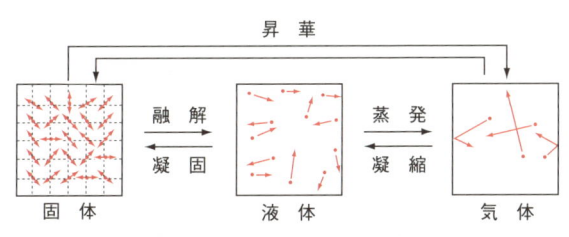

図4.1 物質の三態変化の様子

*2 ここで, P, V, T はそれぞれ圧力, 体積, 絶対温度を示す. また R は気体定数, n は気体の物質量を表す.

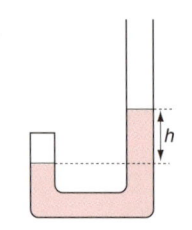

図 4.2 ボイルの実験

*3 ボイルは図 4.2 において, 左側の閉じこめられた空気の圧力を P, 水銀を入れる前の圧力, すなわち大気圧を P_0 とすると, 測定により求めた h の値と $P = P_0 + h$ の関係があることを見つけた. h の値は, 後に Torr (トール) という圧力の単位となった.

*4 後にマリオットが, 体積と温度の関係を他の多くの気体についても詳細に調べたので, ボイル・シャルルの法則はボイル・マリオットの法則と呼ばれることもある.

合気体では**ドルトンの分圧の法則**に従う*2.

歴史的には, まずボイルにより $PV = $ 一定が確かめられた. 彼は, 図 4.2 のような J 型のガラス管の開放端から水銀を注ぎ, 密閉された部分の容積との関係を調べた*3. その結果, 密閉された部分の容積と水銀量が反比例すること, すなわち V と $1/P$ が比例することがわかった. ここから, $PV = $ 一定(**ボイルの法則**)が得られる. また別の実験で, シャルルにより $V/T = $ 一定(**シャルルの法則**)が確かめられた.

この二つの法則から, 比例定数を nR として, $PV = nRT$(**理想気体の状態方程式**)が導かれる. 状態方程式に完全に従う気体は, 理想気体である*4.

ここで, 標準状態 ($0\ ℃$, 101.32 kPa) における 1 mol の気体の体積は, 22.414 dm^3 であることを使って, 気体定数 R の値を求めてみよう.

理想気体の状態方程式より

$$R = \frac{PV}{nT} = \frac{1.0132 \times 10^5 \times 22.414 \times 10^{-3}}{1 \times 273.15}$$
$$= 8.314 \text{ J/K mol}$$

例題 4.1 101.32 kPa, $10\ ℃$ の条件で 10.00 dm^3 の体積を占める気体を, 50.00 kPa, $20\ ℃$ の状態にしたとき, この気体の占める体積を求めよ.

【解答】 20.98 dm^3

《解説》 ボイル・シャルルの法則を適用すると, $PV/T = $ 一定より

$$101.32 \times \frac{10}{273.15 + 10} = 50.00 \times \frac{V}{273.15 + 20}$$
$$\therefore\ V = 20.98 \text{ dm}^3$$

数種類の気体が混ざった状態

数種類の理想気体からなる混合気体について考える. j 種類の気体が, それぞれ n_1, n_2, $\cdots$, n_j モル混合しているとき, 全モル数 n は

$$n = n_1 + n_2 + \cdots + n_j$$

で表され, 各成分の割合は $X_i = n_i/n$ となる. この X_i をモル分率という. このモル分率を用いて, 混合気体の各成分気体が示す圧力 P_i(分圧)は

$$P_i = X_i P \tag{4.1}$$
$$P = P_1 + P_2 + \cdots + P_j \tag{4.2}$$

となる. ここで P は全圧である. 式 (4.1) は, 気体 i の分圧 P_i が, (i のモル

分率)×(全圧)で求まることを,また式(4.2)は,混合気体の全圧が各気体の分圧の和になることを意味している.なお,モル分率は気体に限らず液体,固体の場合にも各成分の割合を示すのに用いられる.ここで分圧 P_i は温度 T において混合気体が占める体積を,気体 i だけが占めるときに示す圧力ということもできる.各気体の分圧 P_j と物質量 n_j を用いると,式(4.1)より

$$P_j V = n_j RT$$

の関係が成り立つが,これをドルトンの分圧の法則という.この関係が完全に成り立つ気体が理想混合気体である.

たとえば,101.32 kPa の理想混合気体中に,物質量比で窒素65 %,二酸化炭素20 %,酸素15 %が含まれるときの,各成分気体の分圧を求めてみよう.

ドルトンの分圧の法則より,分圧は各成分のモル分率に比例するので

　　窒素:101.32 kPa × 0.65 = 65.86 kPa
　　二酸化炭素:101.32 kPa × 0.20 = 20.26 kPa
　　酸素:101.32 kPa × 0.15 = 15.20 kPa

気体の分子運動が圧力を生じさせる

理想気体の条件を満たす気体分子が,ある一定の体積の容器に閉じ込められているとき,気体分子が壁に衝突することにより圧力が生じると考える(この根拠については,コラム「気体分子の占める体積」を参照).

以下の仮定の下に,気体分子が容器の内壁に衝突すると考える.

仮定Ⓐ　気体分子は剛体球[*5]で,直線運動をしている.
仮定Ⓑ　気体分子が壁に衝突するとき,完全弾性衝突[*6]する.

以下の①〜⑤では,気体の分子運動に注目して,理想気体の状態方程式を導いている.物理で力学を学習してから読むと,理解が深まるだろう.

① 図4.3のように,質量 m,速度 u の気体分子が容器の内壁に向かって衝突する.便宜上,一次元(x 方向)の運動だけを考える.このとき,気体分子のもつ運動エネルギーは $1/2 mu^2$ で表され,その値は変化しない(仮定Ⓑによる).一方,運動量 mu は,衝突の前後では $mu-(-mu) = 2mu$ だけ変化する.このとき,運動量の変化 $2mu$ (これを力積という[*7])が壁に与えられたと考える.力学で学習する作用・反作用の考え方を用いると,内壁に衝突する分子は作用により壁に圧力を与え,反作用により壁から離れていくと説明できる.

② x 方向に限定して,まったく不規則に気体分子が動いているとすると,

[*5]　大きさが決まっていて変化しない球のこと.

[*6]　衝突によりエネルギーは変化しないが,速度の向きは変化する.

[*7]　ある物体に加えられた力積は,ある一定時間内の運動量の変化に等しい.力積は衝突の場合の力学的効果として測定される場合が多い.

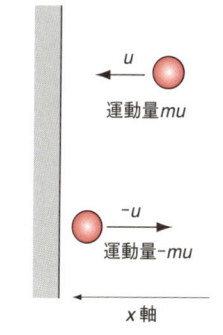

図 4.3　**分子が壁に衝突する前後の様子**
運動量の変化は $2mu$ になる.

半数の気体分子が図4.3の壁に向かって垂直に動いていることになる．壁の面積を S とすると，体積 Su のなかにある半数の気体分子が単位時間内に衝突する．すなわち，単位時間に距離 u 動くと，半数の気体分子は必ず壁に衝突する（図4.4）．

③体積 V 中に N 個の気体分子があるとすると，体積 Su 中には NSu/V 個の分子があるので，このうちの半数が衝突する場合，単位時間内に面積 S の壁に衝突する回数は $NSu/2V$ となる．このとき，1回の衝突で $2mu$ に相当する運動量の変化が壁に与えられるので，単位時間内に壁に与えられる運動量の変化の合計はつぎのようになる．

$$\frac{1}{2}\frac{N}{V}(Su\,2mu) = \frac{N}{V}(Su\,mu) \tag{4.3}$$

④壁に与えられる力を F とすると，圧力 P は F/S となる．ここで力 F は，単位時間内の運動量の変化量に等しいので，式(4.3)＝F となる．したがって

$$P = \frac{F}{S} = \frac{N}{V}\frac{Su\,mu}{S} = \frac{Nmu^2}{V} \tag{4.4}$$

となる．

⑤いままでは気体分子の一次元の運動を仮定したが，さらに三次元方向の運動を考えると，式(4.4)はつぎのように表される．

$$P = \frac{Nm\overline{c^2}}{3V} \tag{4.5}$$

ここで $\overline{c^2}$ は三次元方向を考慮した分子速度の平均自乗値[*8]で，気体分子の速度のもつ x, y, z 方向の平均自乗値をそれぞれ $\overline{u^2}, \overline{v^2}, \overline{w^2}$ とすると，$\overline{c^2} = \overline{u^2} + \overline{v^2} + \overline{w^2}$ が成立する．また平均的には $\overline{u^2} = \overline{v^2} = \overline{w^2}$ と考えることができるので

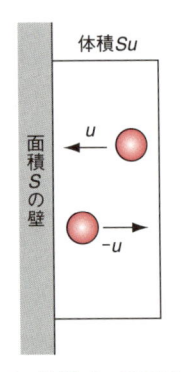

図4.4 体積 Su の空間で面積 S の壁に衝突する分子

[*8] それぞれの気体分子は，さまざまな速度をもっている．その自乗平均 $\overline{u^2}$ のさらに平方根をとると自乗平均速度あるいは根平均自乗速度 $\sqrt{\overline{u^2}}$ となる．代表的な気体の0℃における自乗平均速度を表に示す（表4.1）．

表4.1　さまざまな気体の分子量と自乗平均速度（0℃）

気体名	分子量	自乗平均速度(m/s)
酸素	32	4.7×10^2
窒素	28	5.1×10^2
ネオン	20	6.0×10^2
ヘリウム	4	1.3×10^3
水素	2	1.9×10^3

$$\overline{u^2} = \frac{1}{3}\overline{c^2} \tag{4.6}$$

また，式(4.4)より

$$PV = \frac{1}{3}Nm\overline{c^2} \tag{4.7}$$

の関係が得られ，右辺の項は温度一定のとき $\overline{c^2}$ も定数となり，ボイルの法則 $PV =$ 一定を示していることがわかる．

4.2 実在気体の理想気体からのずれを考える

実在気体の状態方程式

4.1節のはじめで述べた理想気体の性質は，きわめて限られた条件下でしか見られない．ファンデルワールスは，理想気体の状態方程式をもとに，実在する気体の性質を考慮して，**実在気体**の状態方程式を導いた．彼は，4.1節で仮定した理想気体の条件を以下の点で補正して，実在気体に適用した．

①気体分子を直径 d の剛体球と見なす．すなわち気体の体積を考慮する．
②分子の間の距離が遠い場合，引力が働くとする．

条件①より，図4.5に示すように，直径 d の2個の気体分子は，中心間の距離が d のときもっとも接近する．また，周囲の空間の体積を求めるには，半径 d の球に相当する体積を気体の全体積 V から排除する必要があることもわかる．なお，気体分子の密度はたいへん小さいので，3分子以上が同時に接近することはほとんど起こらないと仮定している．ここで，気体1個の体積を v とすると，$v = (d/2)^3 4/3\pi$ となり，排除する体積（半径 d の球に相当する体積）$4/3\pi d^3 = 8v$ となる．

この値は，気体分子1対あたりに必要な排除体積なので，分子1個あたりを考えた排除体積は $4v$（分子の体積の4倍）となる．気体の総数が L 個だとすると，排除すべき体積は，$4v \times L = 4vL$ となる．ここで，L は気体

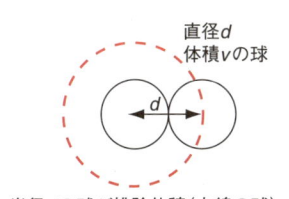

直径 d
体積 v の球

半径 d の球が排除体積（点線の球）

図 4.5 排除体積効果の求め方

の物質量に比例するから，b を定数として，排除体積を nb とすることができる．よって，排除体積を考慮した状態方程式はつぎのようになる．

$$P(V - nb) = nRT \tag{4.8}$$

つぎに，条件②より，分子間の引力のため，壁に衝突する気体分子の速度が弱められることになる．壁に衝突しようとする分子は，分子自身および周囲の分子の密度に比例して速度が弱められることになる．この値は $(n/V) \times (n/V) = (n/V)^2$ に比例する．このときの比例定数を a とすると，気体分子の示す圧力は理想気体に比べ，$a(n/V)^2$ だけ小さくなる．以上より，実在気体の状態方程式はつぎのように表せる．

$$\left\{ P + a\left(\frac{n}{V}\right)^2 \right\} (V - nb) = nRT \tag{4.9}$$

ここで a および b は気体の種類によって決まる定数である．導出の過程か

表 4.2 実在気体の状態方程式の定数

気体名	a	b
ヘリウム	0.0342	23.8
水素	0.241	26.2
窒素	1.35	38.6
酸素	1.36	31.9
二酸化炭素	3.61	42.8
アンモニア	4.20	37.4

コラム　気体分子の占める体積

水素の気体の分子を例に，気体分子の占める体積の割合を見積もってみよう．水素分子を剛体球と見なすと，その体積は約 $0.011\,\text{nm}^3$ である．1 モルの水素気体を考えると，気体が占める体積は

（気体分子 1 個の体積）×アボガドロ定数
$= 1.1 \times 10^{-29}\,\text{m}^3 \times 6.02 \times 10^{23}/\text{mol}$
$= 6.6 \times 10^{-6}\,\text{m}^3/\text{mol}$

となる．したがって，標準状態において占める割合は

$6.6 \times 10^{-6}\,(\text{m}^3/\text{mol})/22.4 \times 10^{-3}\,\text{m}^3 = 0.03\,\%$

となる．

以上より，気体分子自身の占める体積の割合は，きわめて小さいことがわかる．ここから，閉じられた空間で示す気体の圧力の原因は，気体分子が激しく運動しながら起こる壁への衝突と考えるのが妥当であるといえる．

らもわかるように，a は分子間力，b は分子の大きさに関係する定数である．式(4.9)は，実在気体に対する**ファンデルワールスの状態方程式**と呼ばれる．表4.2にいくつかの気体について定数 a，b の値を示す[*9]．

*9 a は〔kPa dm^3/mol^2〕，b は〔dm^3/mol〕という単位をもっている．

理想気体からのずれを表す Z 因子

つぎに，実在気体が理想気体からどの程度ずれているかについて考えてみよう．つぎのような，Z という値を考える．

$$Z = \frac{PV}{nRT} \tag{4.10}$$

この Z は圧縮因子と呼ばれ，理想気体の場合は必ず1の値になり，実在気体が理想気体からどの程度ずれているかを表す．図4.6および図4.7にそれぞれ Z 因子と圧力 P の関係，Z 因子と温度 T の関係をいくつかの気体について示す．図4.6より，圧力が大きくなると，理想気体からのずれが大きくなることがわかる．また，図4.7より，温度が低い場合もずれが大きくなることがわかる．いずれの場合も分子間距離が近くなるので，気体分子の体積の影響が大きくなり，また分子間の相互作用も大きくなり，理想気体の条件から遠くなるためである．

なお，図4.6の二酸化炭素の線が大きく曲がっているのは，圧力の増加によって液化が進行するためである．水素の場合は，沸点が低く，液化しにくいため比較的ずれが少ない．いいかえれば，水素分子では分子間の相互作用が小さいということである．

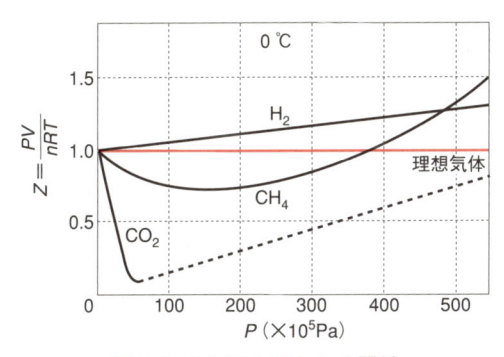

図4.6 Z 因子と圧力 P の関係

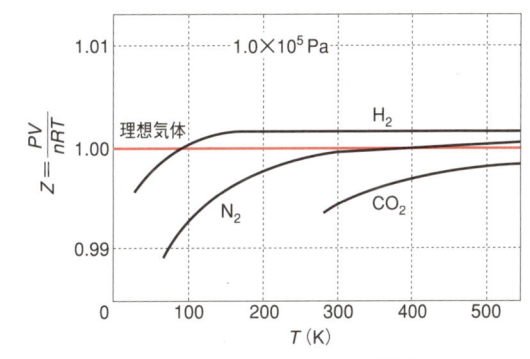

図4.7 Z 因子と温度 T の関係

4.3 状態図から物質の三態を理解する

相の関係を示す状態図

それぞれの物質は，固体・液体・気体のいずれかの状態になっているわけであるが，ここではある状態からある状態への変化について考えてみよ

う．

　状態変化は集合状態の変化としてとらえることができる．たとえば，水(H_2O)において，氷から水を経て水蒸気にいたる過程は集合状態の変化であり，一般的には**相変化**と呼ばれる．ここで，複数の相が共存する場合を不均一系，一つの相からなる場合を均一系という．たとえば，ひとかけらの氷が水に浮いている場合，系は2相(水と氷)からなる不均一系であるが，氷を細かく砕いた場合は1相(氷のみ)であり均一系となる．

　図4.8は，水の**状態図**(あるいは相図ともいう)である．この図より，ある温度と圧力の下で，どの相がもっとも安定であるかがわかる．また，2相あるいは3相が平衡状態を保って共存できる条件もわかる．

　図中でS，L，Gはそれぞれ固体(氷)，液体(水)，気体(水蒸気)を示し，それぞれの領域で安定に存在する．曲線TCは昇華曲線と呼ばれ，曲線上では氷と水蒸気が共存している．同様にTFは融解曲線といい，氷と水の共存する条件を，また曲線TVは蒸気圧曲線といい，水と水蒸気の共存する条件を示している．点Tは水の**三重点**(triple point)と呼ばれる点で，氷，水，水蒸気の3相が共存できる点(圧力610 Pa，温度273.16 K)である．

　圧力が101.32 kPaの値のところから横軸に平行に線を引くと，融解曲線および蒸気圧曲線と点Ⓐ，Ⓑで交わる．このときの点Ⓐを水の(標準)融点，点Ⓑを(標準)沸点という．

　ある物質の状態図が与えられると，たとえば一定の圧力下で温度を変えた場合に，どのような相が出現するかが予測できる．状態図を実験的に求めたり，あるいは解読することは，物質のもつ基本的な性質を知る上で重要である．

　図4.8の点Ⓒにある湿った空気を考える．直線に沿って温度Tを下げていくと，点Ⓑに達するがこのとき液相が出現する．これが露である．さらに温度が下がり点Ⓐで交わると，固相が出現する．これが霜である．

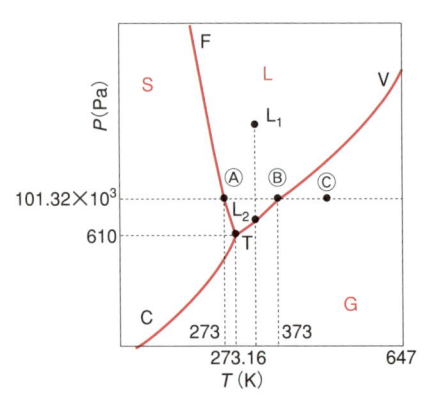

図4.8　水の状態図

ギブズの相律

図4.8において，領域Lにある点L_1では，一定の圧力下で温度を変えても相の数（液相のみ）は変わらない．また，蒸気圧曲線TV上の点L_2において，2相（液相と気相）の平衡を保つ場合，圧力が決まると温度も決まってしまう．このように「相の数を変えないで自由に変えることのできる変数の数[*10]」を**自由度**という．ギブズは自由度を求めるための有用な式（**ギブズの相律**）をつぎのように導いた．

[*10] 変数の数は物質の量に依存しない示強性変数（8章を参照）を対象にする．

相間に平衡が成立しているとき，相の状態を記述する変数（示強性変数）の総数から，平衡状態で決まる変数の数を差し引いて自由度を求める．図4.9のように，成分の数がm個でそれぞれの成分を$C_1, C_2, \cdots, C_m$と表す．また，全部でn個の相があり，それぞれ$P_1, P_2, \cdots, P_n$と表す．すなわちm個の成分がn個の相のなかに分布していることになる．各相において組成を決めるには，成分数m個より一つ少ない$(m-1)$個の濃度が決まればよい．なぜなら，濃度の総和はつねに100％であり，残りの一つの濃度は他が決まれば求めることができるからである．

いま，n個の相があるから，系全体では$n(m-1)$個の変数がある．一方，温度と圧力は独立な変数として考慮する必要があり，結局，$n(m-1)+2$個が相を記述する変数の数になる．つぎに図4.9のように，P_n相とP_{n-1}相の間での平衡関係に注目する．ここで，ある成分C_mに注目すると，平衡関係よりP_n相のC_m成分が決まれば，自動的にP_{n-1}相のC_m成分も決まることになる．このような平衡関係から決まることは各成分について$(n-1)$個あるので，系全体では$m(n-1)$個になる．結局，求める自由度fは，成分数m，相の数nを使ってつぎのように表すことができる．

$$f = n(m-1) + 2 - m(n-1) = m - n + 2 \tag{4.11}$$

この式(4.11)をギブズの相律という．

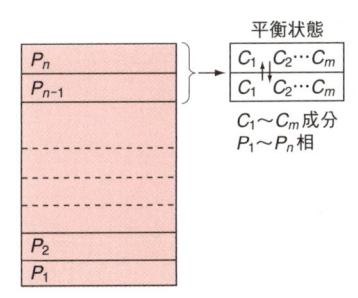

図4.9 平衡が成立している多相系

> **例題4.2** ギブズの相律の式を使って，図4.8の蒸気圧曲線TV上の点L_2における自由度を求めよ．また，三重点Tにおける自由度を求めよ．

【解答】 自由度は 1 および 0

《解説》 点 L_2 において，成分数 $m = 1$（H_2O のみ），相の数 $n = 2$（水と水蒸気）であるから，式(4.11)より $f = 1 - 2 + 2 = 1$

三重点 T においては，成分数 $m = 1$（H_2O のみ），相の数 $n = 3$（水，水蒸気，氷）であるから式(4.11)より

$$f = 1 - 3 + 2 = 0$$

したがって，三重点の温度と圧力は決まっており，ケルビン温度（絶対温度）の参照温度にもなっている．

固体から液体や気体への状態変化——融解と昇華

固体が液体に変化することを融解，固体が気体に，あるいは気体が固体に直接変化することを昇華という．固体を融解させるには外部から熱を加える必要があり，この熱を融解熱という．また，逆に液体が凝固して固体になるときには熱が放出され，これを凝固熱という．熱力学の立場から見た融解熱，凝固熱などの取り扱いは，8章で詳しく述べる．

昇華は分子結晶など比較的弱い分子間力で結合している物質に見られる．ドライアイス（二酸化炭素の固体），ヨウ素などが代表的な例である．ドライアイスは寒剤としてよく用いられる．ドライアイスは，$-78.5℃$で昇華して二酸化炭素の気体（炭酸ガス）となる．昇華熱が大きく，気体になるときに周囲から多くの熱を奪うため，また昇華するときに濡れない（水をださない）ため，寒剤として用いられる．

液体から気体への状態変化——蒸発と気液平衡

図4.8の状態図の曲線 TV を蒸気圧曲線という．この曲線上の点では，液体と気体が平衡状態になっており，これを気液平衡という．蒸発，すなわち液体が気体になるには，液体を構成する分子が，分子間力を上回るエネルギーを周囲からもらって結合を断ち切り，液体の表面から飛びだす必要がある．また，逆に蒸発した分子が液体に戻る，凝縮という現象も起こる．これらの状態変化に伴う熱量を蒸発熱（液体が周囲から吸収する熱量）および凝縮熱（液体が周囲に放出する熱量）という．

蒸発と凝縮がつり合っていると，見かけ上は蒸発も凝縮も起こっていない状態になる．これが気液平衡である．気液平衡の状態のときに，蒸気（気体）が示す圧力をとくに飽和蒸気圧という．一般に液体の蒸気圧は温度とともに大きくなる．温度と蒸気圧の関係を示したのが図4.8中の蒸気圧曲線 TV といえる．

たとえば，洗濯物を乾かすには，できるだけ風とおしのよいところに干

4.4 固体の構造を見る

固体の結晶構造のいろいろ

固体は物質の三態のうちで，熱振動がもっとも小さい集合状態である．また，固体を構成する原子や分子の並び方により，結晶質と非晶質に分けられる．結晶質の代表例である金属結晶に見られる化学結合（金属結合）については2章で述べた．ここでは金属原子がどのように並んでいるか，すなわち結晶構造について考えてみよう．

金属結晶の多くは，同じ大きさの陽イオンが密に詰まったパッキング（最密充填構造）という構造からなる．最密充填構造は，一定体積中に多くの化学結合を含んでいるので，安定な構造である．

図4.10(a)，(b)に面心立方格子および六方最密格子と呼ばれる結晶構造におけるパッキングの様子を示す．同じサイズの金属原子（陽イオン）をもっとも密に詰めるには，図4.10に示すような2通りの方法が可能である．図4.10(a)が六方最密格子（hcp: hexagonal closed packing）と呼ばれる構造で，A層の上にB層が重なり，これを繰り返しているパッキング（ABAB…）となっている．一方，図4.10(b)が面心立方格子（fcc: face centered cubic）であり，A層の上にB層，さらにその上にC層を積み重ね，これを繰り返すパッキング（ABCABC…）からなっている．

この二つのパッキングは，積層の順序が3層目で異なるだけで，両者とも最密な結晶構造をつくっている．よって，この二つは最密充填構造といわれ，この構造は単位体積中にもっとも多くの金属結合を含み，きわめて安定である．また，同じ物質でも温度および圧力の条件により面心立方格子と六方最密格子の両方が見られる場合がある．

つぎは，最密ではない構造を紹介しよう．図4.11に，体心立方格子

☞ **one rank up！**
パッキング
結晶構造を理解するには，原子・分子を球と仮定して，一定空間のなかにいろいろな大きさの球をどのように詰めるかを考える必要がある．その詰め方のことを「パッキング」という．同じ大きさの球のパッキングのしかたについては，最密充填のところで説明する．

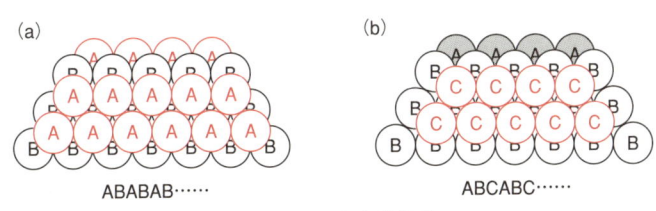

図4.10 最密充填構造
(a) ABAB…のタイプ　(b) ABCABC…のタイプ

(bcc: body centered cubic) と呼ばれる結晶構造を示す．これは最密ではないが，クロム Cr，モリブデン Mo などの金属結晶ではよく見られる構造である．

面心立方格子 (fcc) をとる金属結晶の例としては，Mg, Na, Au, Cu などがあり，六方最密格子 (hcp) をとる例として Ni, Ti, Zn などがある．また金属結晶以外では，NaCl, MgO などのイオン結晶も面心立方格子 (fcc) を示す．なお，各構造における**充填率**は，fcc および hcp は 74 %，bcc は 68 % である．

> **one rank up!**
> **充填率**
> 結晶を構成する粒子（原子，分子など）を同じ大きさの球の集合と仮定して，球を立体的に充填していくとき，空間のうちで球が占める割合を充填率（あるいは占有率）という．

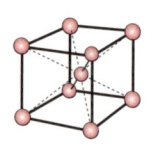

図 4.11 体心立方格子の結晶構造

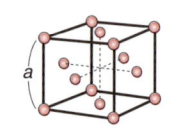

図 4.12 面心立方格子の結晶構造
立方体の 1 辺を a とする．

例題 4.3 図 4.12 の面心立方格子 (fcc) の構造をした金結晶の充填率を求めよ．ただし，立方体の一辺を a とする．

【解答】 74 %

《解説》 まず，金結晶の構造における，もっとも近い金原子の間の距離を求める．立方体の対角線の半分がその距離となり，その値は $1/2\,(a\sqrt{2})$ となる．

また，この値は原子の半径の二つ分の大きさとなる．よって，原子の半径を r とすると，つぎの式が成り立つ．

$$2r = \frac{1}{2}a\sqrt{2}$$

また，立方体には 4 個の金原子が含まれるので，その体積は $4\,(4\pi r^3/3)$ となり，r に上の値を代入すると，$\pi a^3/3\sqrt{2}$ と表せる．以上より，密度はつぎのように求まる．

充填密度 = 4 個分の金原子の体積/立方体の体積

$$= \frac{\pi a^3/3\sqrt{2}}{a^3} = 0.74$$

例題 4.4 1 章の図 1.8 に NaCl 結晶の構造（面心立方格子）を示したが，このなかに含まれる Na 原子および Cl 原子の数を求めよ．

【解答】 Na, Cl 原子ともに 4 個ずつ含まれる．

《解説》 図 1.8 から，Cl 原子は，1/8 個が計 8 個，1/2 個が 6 個，合計 4 個

の Cl 原子が含まれる．Na 原子は，1/4個が12個，中心に 1 個，合計 4 個含まれる．

4.5 IT 技術を支える半導体

半導体の構造と性質

電気を通さない物質を**絶縁体**，よく通す物質を**伝導体**（あるいは良伝導体）と呼ぶが，それらの中間の電気伝導性を示すのが**半導体**である．

半導体は，われわれの生活を支える IT 技術に使われている，もっとも基本的な材料である．ここでは，半導体の結晶構造と性質を化学的に考えてみよう．

電子を 1s 軌道から順番に各エネルギー準位に入れていくとき，電子が満たされているもっともエネルギーの高い準位[*11]を**価電子帯**（あるいは充満帯）と呼び，さらに電子は入っていないが電気伝導に関係しているエネルギーの高いバンドを**伝導帯**と呼ぶ．

電気をほとんど通さない絶縁体材料のエネルギー状態と，電気をよく通す金属の結晶のもつエネルギー状態を，孤立原子の場合と比較して図4.13に示す．絶縁体では，図4.13のように価電子帯と伝導帯の間に存在する領域〔これをエネルギーギャップ（E_g）という〕が大きく，そのため価電子帯にある電子がエネルギーをもらって伝導帯に移動することが難しい．これが，電気を通さない理由である．一方，金属結晶では，図4.13のようにエネルギーギャップが比較的小さいため，電子が伝導体に移動しやすい．これが，電気が流れやすい理由である．

半導体の材料としてもっとも多く用いられるのが，ケイ素 Si およびゲルマニウム Ge の結晶である．Si と Ge はいずれも周期表の14族で，結晶構造および化学結合の様子が似ている．ここでは，Si 結晶を例に説明していこう．Si 結晶は図4.14(a)のようにダイヤモンド型構造をとっていて，Si 原子どうしは強い共有結合で結ばれている．このような構造を**三次元網目構造**という．このときの Si 原子の電子の状態を考えてみよう．

Si 原子は，基底状態では $1s^2\, 2s^2\, 2p^6\, 3s^2\, 3p_x\, 3p_y$ という電子配置をもって

[*11] この場合，幅をもっているのでエネルギーバンド構造と呼ぶ．

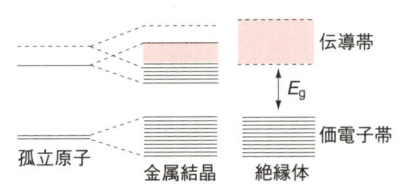

図 4.13 エネルギーバンド構造
孤立原子，金属結晶，絶縁体のエネルギーバンド構造．

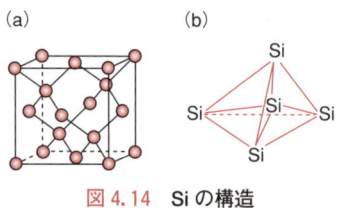

図 4.14 Si の構造
(a) 結晶構造 (b) 四面体構造

いる．図 4.14(b) のように Si 原子を中心とした四面体構造をとっている場合は，Si の電子状態は $1s^2 2s^2 2p^6 3s\, 3p_x\, 3p_y\, 3p_z$ のような励起状態から，さらに sp^3 混成軌道をつくり，4個の等価な軌道をもつ（2章を参照）．

不純物が混ざっていない真性半導体

純粋な Si 結晶および Ge 結晶を**真性半導体**という．図 4.15(a)(b) は Si 原子の sp^3 混成軌道による四面体構造を二次元的に表したもので，このとき Si は4個の価電子をもっている．これらの価電子が図 4.15(c) に示すエネルギー E_g をもらうと価電子帯から伝導帯に移動し，伝導電子として自由に動き回る．このとき，もともと価電子があった位置に**ホール**（**正孔**）が残る．図 4.15(c) の ⊕ がホールである．ホールは Si 原子どうしの結合に使われている電子を取り込む．図 4.15(b) のようにこれが繰り返され，正の電荷が動いているのと同じ状態になり，電気が流れるわけである．このように，ホールが正の荷電の運び役（キャリア）となって電気が伝わる．

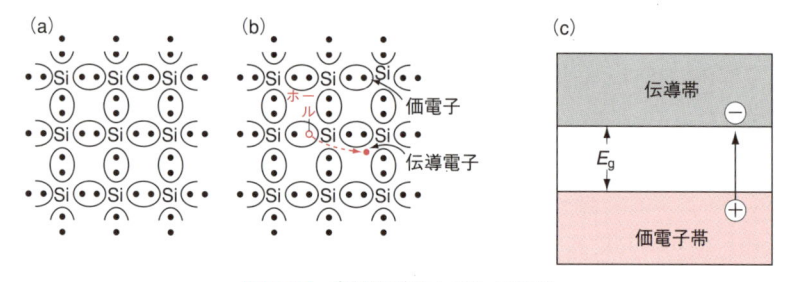

図 4.15 真性半導体とバンド構造

2種類の半導体──n 型半導体と p 型半導体

Si 原子より1個だけ電子を多くもつリン原子 P（15族）を，ごく少量 Si 結晶に加えると，電子配置はどのように変わるだろうか．

P 原子は Si 原子と比べて電子を一つだけ多くもち，全部で5個の価電子をもっている．5個の電子のうち4個は Si 結晶の場合のように四面体構造をつくるのに使われているが，残りの1個の電子は自由に動き回ることができ，電気が流れる．このとき，1個の電子が伝導帯に移ると同時に P^+ の陽イオンができる．

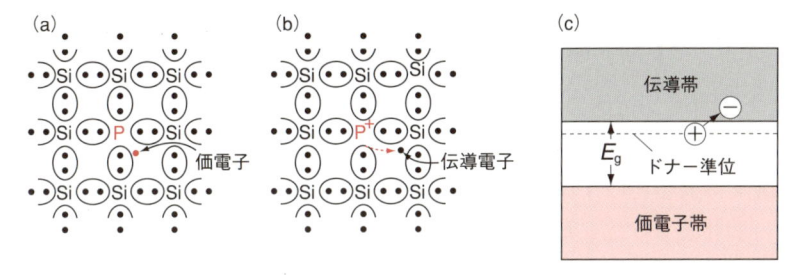

図 4.16 n 型半導体とバンド構造

このような半導体を負(negative)の電荷が関与しているので **n 型半導体** と呼び(図4.16), P が Si に対して電子の供給体(donor)となっている. 図 4.16(c)に示すように, n 型半導体では, ドナー準位とよばれる伝導帯よりも少しだけエネルギーレベルの低いところに電子がとどまっていて, 熱などの外的なエネルギーをもらうことにより容易に伝導帯に電子が移動し, 電気が流れる.

つぎに, Si 原子より電子が一つ少ないアルミニウム原子 Al(13族)を, ごく少量 Si 結晶に添加する場合を考えてみよう. Al は, Si より一つ少ない 3 個の価電子をもっている. その結果, 図4.17(a)(b)のように, Al は周囲の 3 個の Si 原子と結合する.

こういう状態のところに, 外部から熱エネルギーなどが加わると, Si 原子の価電子の一つが Al 原子のところに移動する. その結果, 1 個のホール(正孔)と Al⁻ の陰イオンができる. このようにして Si 原子にできたホールはつぎつぎと移動して, 電気が流れる. このような半導体を, 正(positive)の電荷が働いているので, **p 型半導体** という.

p 型半導体では, Al は正の荷電キャリアとして働いているので, Al は Si にとって電子の受容体(acceptor)となっている. このとき, Al が Si 原子からもらった価電子は, 図4.17(c)のようにアクセプタ準位という場所に位置する. このため, 容易に伝導帯に電子が移動することができる.

このように, 真性半導体に微量の P や Al を加えた不純物半導体は, 熱などのエネルギーにより, 容易に電気伝導性を制御することができる.

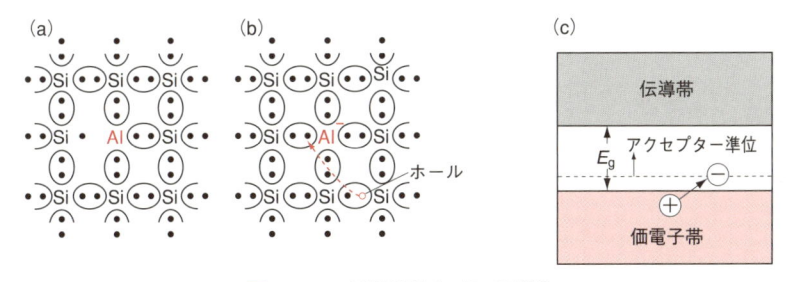

図 4.17 p 型半導体とバンド構造

4.6 液体・溶液の特徴と希薄溶液の性質

液体は固体と気体の中間

物質の三態のうち，液体状態は固体と気体の中間状態であり，形を自由に変えられるという特徴をもつ．構成する原子や分子の間に働く相互作用は，固体がもっとも大きく，液体，気体の順に小さくなる．また，液体と気体は熱運動により原子や分子の位置が変わりやすいので，固体のような規則的配列はもたず，流動性がある．しかし，液体は気体とは異なり，きわめて近い場所の原子や分子の配列には規則性が見られる．これを，固体の場合の遠距離に及ぶ配列の規則性と対比して，**近距離規則性**という．

液体の構造を調べるには，固体の場合と同様に **X 線回折法** が用いられている．この方法によって，液体がもつ近距離規則性を反映した，固体と気体の中間的構造であることが確かめられている．

溶液に関する基礎的事項についてはすでに 3 章で述べた．溶質が溶けると純溶媒では見られない性質を示す．ここでは，きわめて濃度の小さい溶液(**希薄溶液**)に見られる性質について見ていこう．一般的に希薄溶液では，溶質の種類が何であっても，溶質分子の数と溶媒の種類だけで決まる性質がある．これを**束一的性質**と呼び，蒸気圧降下，沸点上昇，凝固点降下，浸透圧などの性質がこれに分類される．これらの性質について，溶液を構成する粒子に注目して考えてみよう．

何かが混ざると蒸気圧が降下し沸点は上昇する

汗を含んだシャツは，純水で濡れたシャツよりも乾きにくいという経験をした人もいるだろう．水に何かが溶けていると，純水に比べて蒸発しにくいというこの現象について考えてみよう．

純溶媒が蒸発する過程と比較しながら，溶液の蒸発について考えてみよう．図4.18に溶媒が水の場合を例にして，閉じられた容器内での蒸発の様子を模式的に示している．溶媒(この場合は水)だけの場合，水の飽和蒸気圧に達するまで蒸発は続く．それに対して，水に砂糖，食塩などの不揮発性溶質が溶けている場合，溶液内部で溶質粒子と溶媒分子が相互作用するので蒸発が妨げられる．また液体の表面でも，蒸発しない溶質粒子が溶媒

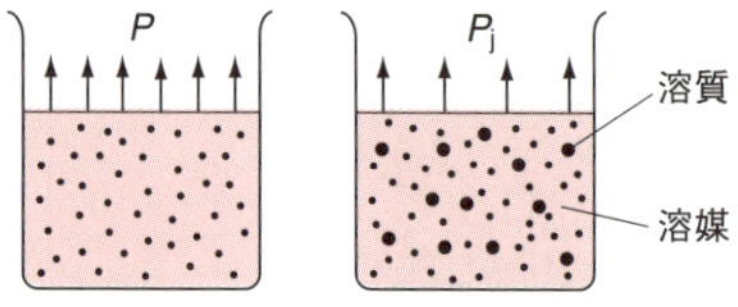

図 4.18 蒸気圧降下の様子
(a) 純溶媒の場合 (b) 溶液の場合

☞ **one rank up !**
X 線回折法
結晶に一定波長のX線をあてて入射角度を変えていくと，ある入射角度のときに，反射してきた強いX線が観測される(これをブラッグ条件という)．この条件は原子・分子の種類と配列を反映しているので，反射したX線の角度と強度を調べることにより結晶構造がわかる．

☞ **one rank up !**
希薄溶液
一般に，希薄溶液とは，$0.1\,\mathrm{mol/dm^3}$ 以下の濃度の小さい溶液をいう．希薄溶液では，溶媒分子が多いので溶媒和が起こりやすく，また溶質粒子間の距離も十分に大きいので，溶質の種類にかかわらず，溶質粒子の数だけで決まる性質を示す(束一的性質)．気体の場合に，圧力がきわめて低いと，気体の種類とは無関係に理想気体の状態方程式に従うことと同じように考えることができる．

☞ **one rank up !**
不揮発性物質
不揮発性物質とは，問題にしている温度において，きわめて蒸気圧が低い物質と考えればよい．すなわち，沸点が高く蒸発しにくい物質であり，ショ糖(サッカロース)がその例である．

の表面積を狭くしている．その結果，溶液の蒸気圧は純溶媒に比べて下がる．これを**蒸気圧降下**という．さらに蒸発させるには，温度を上げて，蒸気圧をより高い純溶媒の飽和蒸気圧に近づける必要がある．その結果，沸点が上昇する．

非電解質[*12]を含む希薄溶液において，純溶媒の蒸気圧を P として，溶媒のモル分率を X_j とすると，希薄溶液の蒸気圧 P_j はつぎのように表せる．

$$P_j = X_j P \tag{4.12}$$

これを**ラウールの法則**といい，ラウールの法則に従う溶液は理想溶液と呼ばれる（式4.1と似ていることに注目してほしい）．また，純溶媒の蒸気圧と溶液の蒸気圧との差を蒸気圧降下度と呼び，ΔP という記号で表す．

$$\Delta P = P - P_j \tag{4.13}$$

となるので

$$\Delta P = P - X_j P = (1 - X_j) P \tag{4.14}$$

と表せる．ここで $(1 - X_j)$ は溶質のモル分率なので，蒸気圧降下度は溶質のモル分率に比例することがわかるだろう．さらに，分子量 N の溶質 n モルが分子量 M の溶媒 m モルに溶けている希薄溶液を考えると，式(4.14)はつぎのように書き換えられる．

$$\Delta P = \frac{n}{m+n} P \tag{4.15}$$

希薄溶液においては $m \gg n$ と近似してよいので，式(4.15)は結局，つぎのようになる．

$$\Delta P = \frac{n}{m} P \tag{4.16}$$

いま，溶媒が W kg あるとすると，物質量 m モルは，つぎのように書ける．

$$m = \frac{1000W}{M}$$

これを，式(4.16)に入れると

$$\Delta P = \frac{nM}{1000W} P = \frac{n}{W} \times \left(P \frac{M}{1000} \right) \tag{4.17}$$

となる．ここで n/W を**質量モル濃度** C_m (mol/kg)，$(PM/1000)$ を溶媒の種類に依存する値 k とおくと，式(4.17)はつぎのようになる．

[*12] 非電解質の溶質を取りあげるのは，電解質の電離度が温度などによって変化するので，質量モル濃度との比例関係が成立しなくなるためである．もちろん，食塩水や希硫酸などの電解質を溶かしても，蒸気圧降下や沸点上昇は起こる．

☞ one rank up！

質量モル濃度

溶媒1 kgに溶けている溶質の量を物質量(mol)で表した濃度を質量モル濃度といい，mol/kgの単位をもつ．体積を基準にしたモル濃度では，温度による体積変化が生じるが，質量を基準にした質量モル濃度は温度に影響されにくい．このため，質量モル濃度は凝固点降下，沸点上昇，蒸気圧降下の場合の濃度を表すのによく用いられる．

$$\Delta P = C_\mathrm{m} \times k \tag{4.18}$$

式(4.18)より，蒸気圧降下度 ΔP は，溶質の種類とは関係なく，溶液の質量モル濃度 C_m のみに比例することがわかる．

沸点上昇についても同様に考えることができる．不揮発性物質の溶けた希薄溶液の沸点が，純溶媒の沸点よりもどれだけ高いかを表す沸点上昇度 ΔT_b はつぎの式で求められる．

$$\Delta T_\mathrm{b} = k_\mathrm{b} C_\mathrm{m} \tag{4.19}$$

蒸気圧降下度と同様に，溶液の質量モル濃度 C_m に比例する．ここで，k_b は溶媒の種類によって決まる比例定数で，**モル沸点上昇**（単位は K kg/mol）とも呼ばれる．ここで，溶媒 1 kg に分子量 M の溶質を w g 溶かした場合を考える．$C_\mathrm{m} = w/M$ と表せるから，式(4.19)より

$$M = k_\mathrm{b} \frac{w}{\Delta T_\mathrm{b}}$$

となり，ΔT_b を測定すると溶質の分子量 M が求まることがわかるだろう．

沸点上昇と蒸気圧降下の関係を図4.19に示す．純溶媒の場合〔図4.19(a)〕と比較して，溶液の蒸気圧曲線〔図4.19(b)〕は右側にずれ，その結果，同じ温度における蒸気圧が下がり（蒸気圧降下），同じ蒸気圧を示す温度が上昇する（沸点上昇）ことがわかる．すでに述べたように，希薄溶液における蒸気圧降下および沸点上昇の度合いは，溶質の種類には関係なく，溶質の粒子数に比例する．したがって，食塩のような電解質を少量だけ水に溶かした場合，溶質は電離して粒子数は増加[*13]するので，その効果は 2 倍になる．

[*13] 食塩の場合，完全に電離すると Na^+ と Cl^- が生じるので 2 倍の粒子数になる．

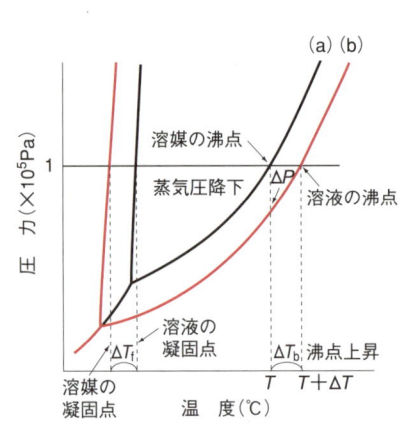

図 4.19 蒸気圧降下と沸点上昇，凝固点降下
(a)は純溶媒，(b)は溶液の場合を示している．

例題4.5 $CaCl_2$ を水に溶かすと，その80％が電離するという．このとき，見かけ上の粒子数は何倍になるか．

【解答】 2.6倍

《解説》 1 mol の $CaCl_2$ を考える．

$$CaCl_2 \longrightarrow Ca^{2+} + 2Cl^-$$

溶けた後　　$1-1\times0.8$　　1×0.8　　2×0.8

ゆえに，電離後の粒子数（物質量に比例する）は

$(1-1\times0.8)+1\times0.8+2\times0.8=2.6$

例題4.6 0.10 mol/kg の非電解質水溶液の50℃における蒸気圧降下度を求めよ．ただし，50℃における水の飽和蒸気圧を12.34 kPa とする．

【解答】 22.21 Pa

《解説》 式(4.17)より

$$\Delta P = \frac{n}{W} \times \left(P\frac{M}{1000}\right)$$

$$= 0.1 \times 12.34 \times 1000 \times \frac{18}{1000} = 22.21 \text{ Pa}$$

何かを混ぜると凝固点が下がる

水に食塩を混ぜてから凍らせると，氷の温度が下がる．たとえば質量比で約22％の食塩を混ぜると，−20℃まで凝固点が下がるので寒剤として利用される．また，寒冷地では自動車エンジンのラジエータにエチレングリコールという物質を混ぜることにより，ラジエータの水が凍るのを防ぐ．これらは，溶液のもつどのような性質を利用したものなのか考えてみよう．

溶液は，純溶媒と比べて凝固点が下がる．固体が液体になる速度と，液体が固体になる速度が一致したときに，液体の水と固体の水が共存できる[*14]．この状態を**固液平衡**という．

101.32 kPa の下では，純水は0℃で固液平衡に達する．それに対して，溶液の場合は，水が溶質分子と引きあうので，水が凝固して固体になるのが妨げられる．よって，さらに凝固を促すには温度を低くする必要がある．その結果，溶液では純溶媒に比べて凝固点が下がり，これを**凝固点降下**という．図4.20に不揮発性の物質が少しだけ溶けた希薄溶液の融解曲線を示した．純溶媒に比べて溶液では凝固点が下がっていることがわかるだろう．

図4.20に，純粋なパラジクロロベンゼンと，少量のナフタレンを溶かし

[*14] 水に氷が浮かんだ状態を想像してほしい．

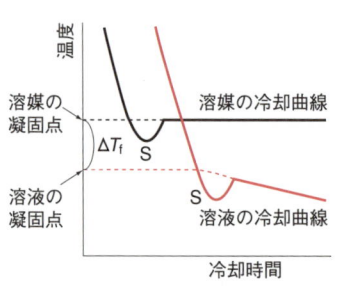

図 4.20 冷却曲線
純溶媒の場合と溶液の場合.

た溶液の冷却曲線(温度変化を時間とともに記録)を示す．この図の ΔT_f を凝固点降下度といい，蒸気圧降下と同様に，溶質の種類には関係なく，溶質の粒子数にのみ関係し，質量モル濃度に比例する．また図中のSで示した部分を過冷却状態といい，平衡状態には達していないが，準安定な状態である．純溶媒と溶液の凝固点の差である凝固点降下度 ΔT_f は，つぎのように求められる．

$$\Delta T_f = C_m k_m \tag{4.20}$$

ここで C_m は質量モル濃度(mol/kg)であり，k_m を**モル凝固点降下**(単位はK kg/mol)という．水，ショウノウなどは比較的大きなモル凝固点降下の値をもつ．

例題4.7 水1 kgにショ糖を2 mol溶かすと，溶液の凝固点はいくらになるか．ただし，水のモル凝固点降下は1.86 K kg/molである．

【解答】 269.43 K（-3.72 ℃）

《解説》 式(4.20)より

$$\Delta T_f = 2 \times 1.86 = 3.72 \text{ K}$$

例題4.8 冬に道路の凍結防止のために，塩化カルシウムの粉末を散布することがある．この理由を述べよ．

【解答】 塩化カルシウムは電解質で，水に溶けて完全に電離すると，$CaCl_2 \longrightarrow Ca^{2+} + 2Cl^-$ となり3倍の粒子数となる．溶質の粒子数に比例して融点が下がり，凝固点降下の効果が大きいことが理由の一つである．もう一つは，塩化カルシウムは吸湿性と潮解性を同時にもち，発熱も伴うことである．また，安価で入手が容易で無害なことも理由にあげられる．

生物も利用している浸透圧

セロハン膜あるいは生物の細胞膜などは，溶液中のある成分だけを通過させ，他の成分を通過させないという性質をもつ．このような膜を半透膜という．どういう物質が通過してどういう物質が通過しないかは，膜に開いた孔の大きさと，分子の大きさで決まる．セロハン膜の場合だと，水分子の大きさの粒子であれば通過することができる．たとえば，図4.21に示すように，半透膜をはさんで純水と水溶液が接すると，時間とともに水分子が半透膜を通過し，やがて純水側の水位が下がる．この現象を浸透という．浸透が続くと半透膜で隔てられた両側の水面の高さに差が生じる．図のように，溶液側に圧力をかけると，その差をなくすことができる．このときの圧力を浸透圧という．希薄溶液では，蒸気圧降下などと同様に，浸透圧 Π Pa は水溶液中の溶質の種類には関係なく，粒子数にのみ比例し，つぎのように書ける．

$$\Pi = CRT \tag{4.21}$$

ここで，C はモル濃度$(\mathrm{mol/dm^3})$，R は気体定数，T は温度(K)である．

> **one rank up !**
> **逆浸透法**
> 溶液側に外から圧力を加えると，溶媒(この場合，水)だけが溶液側から純水側へ移動することになる．これを逆浸透法といい，海水を淡水に変える方法として実用化されている．

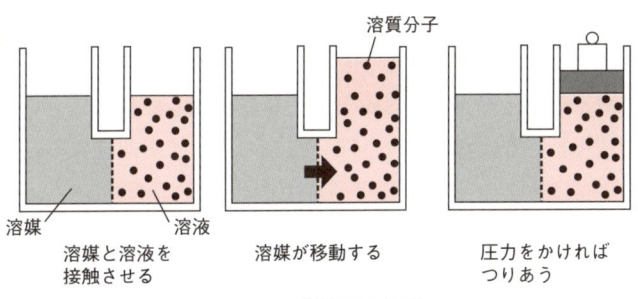

図 4.21 浸透圧の原理

さらに，溶液の体積を $V\,\mathrm{dm^3}$，溶質を $n\,\mathrm{mol}$ とすると，$C = n/V$ となるので，式(4.21)はつぎのように書き換えることができる．

$$\Pi V = nRT \tag{4.22}$$

これは，理想気体の状態方程式と同じかたちであることがわかるだろう．これをファント・ホッフの法則という．

以上に述べた，溶液の束一的性質(すなわち蒸気圧降下，沸点上昇，凝固点降下，浸透圧のように粒子数に比例した性質)をもつ希薄溶液を理想溶液という．

分子より少し大きいコロイド

石けんを水に溶かすと少し濁り，また粘性がでることに気づくだろう．これは食塩を水に溶かした場合とは様子が違う．何が違うのかを，溶けて

いる溶質の大きさに注目して考えてみよう．

コロイドとは比較的大きな粒子(直径1～100 nm 程度)が別の物質のなかで分散している状態のことをいう．分散している粒子(コロイド粒子)と，粒子を分散させている物質(分散媒)からなる．また，コロイドはつぎの3種類に分類できる．一つめは，固体が液体中あるいは固体中に分散した**ゾル**．二つめは，液体または固体が気体中に分散した**エーロゾル**．三つ目は，液体が液体中に分散した**エマルジョン(乳濁液)**である．ここでは，コロイドのなかでもゾル(分散媒が液体)について考えていこう．

コロイド溶液は，溶質粒子がきわめて小さい通常の溶液[*15]にはない，つぎのような特徴をもっている．

[*15] これを真性溶液といい，たとえば食塩水はこれに含まれる．

① **チンダル現象**：コロイド溶液中のコロイド粒子が外部からの強い光を散乱するため，光の通路にそって明るく輝く現象．たとえば，映画館のなかで，映写機の光が大気中のほこりに反射されて，光の筋が見える現象が一例である．
② **ブラウン運動**：周囲にある分散媒(たとえば水)の分子が熱運動によりコロイド粒子に衝突すると，コロイド粒子は不規則な運動をする(コラム「ブラウン運動の発見と原子論の確立」参照)．
③ **透析**：コロイド粒子は半透膜(セロハン膜など)を通過できないが，小さい分子やイオンは通過できる．この性質を利用してコロイドを精製することを透析という．たとえば，$Fe(OH)_3$のコロイド溶液に不純物(H^+や

コラム　ブラウン運動の発見と原子論の確立

生物学者ブラウンは，ある時，顕微鏡で花粉を観察していると，花粉からでてきた微粒子が水のなかで不規則に動き回るのに気づいた．1827年のことである．植物の生殖を研究していたブラウンは，これが「生命の素」であると考え，若いあるいは熟成した，さらには化石になった植物まで，いろいろと観察した．そして，これらを細かく粉砕して水に懸濁させると，どれも同じように不規則な運動をすることに気づいた．

しかし，「ブラウン運動」と名づけられたこの不規則な運動の原因については，その後，長く解明されず，1905年のアインシュタインによる説明までまたなければならなかった．

アインシュタインは，1 μm 程度の微粒子は周囲の分子が衝突してくることによって，不規則な運動をするはずだと考えた．そして，不規則な動きの変位の統計分布に基づいて，ブラウン運動を定量的に説明した．

このアインシュタインの理論的な予想に基づき，検証実験を行ったのがペランであった．ペランの実験的証明により，原子・分子の存在が当時の学者によって初めて認められた．

19世紀終わりから20世紀のはじめにいたる「ブラウン運動」の発見とその後の理論的および実験的解明は，原子・分子の存在を証明するという自然科学史のなかの大きな進歩の一つといえよう．

Cl^-)が含まれる場合，コロイド溶液を半透膜に包み水中に浸すと，$Fe(OH)_3$の粒子は膜を通らないので，不純物だけが水中にでていき，取り除かれる．

④ **電気泳動**：コロイド粒子は正または負の電荷を帯びているため，コロイド溶液に電極を通じて直流電圧をかけると，その電荷と反対符号の電極に引きつけられること．たとえば，塗料を水溶性溶液に懸濁させ直流電圧をかけると，陽極側に塗料粒子が付着する．この方法は，電気製品や自動車の塗装に使われている．

⑤ **凝析**：同種の電荷を帯びたコロイド粒子は静電気的な反発のため沈殿しにくいが，電解質溶液を少量加えると，反対符号の電解質イオンがコロイド粒子を取り囲み，静電気的な反発がなくなるため沈殿する．この操作を凝析という．また，電解質を加えると凝析するコロイドを疎水コロイドという．たとえば，水酸化鉄(Ⅲ)のコロイド溶液に電解質としてミョウバンを少し加えると，沈殿する．

⑥ **塩析**：電解質を加えても凝析しないコロイド(親水コロイドという)でも，多量の電解質を加えると沈殿する．この操作を塩析という．たとえば，デンプンは表面にある親水性の基(-OHなど)と水分子とが水素結合しているため凝析しにくいが，多量の電解質を加えると凝析する．豆乳(タンパク質のコロイド溶液)にニガリ($MgCl_2$など)を加えて豆腐として分離させるのも塩析の一例である．また，疎水コロイドに親水コロイドを混ぜると凝析しにくくなるが，このとき加える親水コロイドのことをとくに保護コロイドという．保護コロイドの例として，墨汁中にいれるニカワ，インク中にいれるアラビアゴムなどがある．いずれも，保護コロイドを加えることにより，沈殿(凝析)を防いでいる．

章末問題

1) 101.32 kPa，25℃で，2 dm^3の容器に入れた理想気体を -10℃まで冷却すると，その気体の示す圧力はいくらになるか．

2) 気体A(分子量55) 0.220 gと，気体B(分子量44) 0.330 gが混合している．全圧が101.3 kPaのとき，気体AおよびBの分圧を求めよ．

3) 101.32 kPaの下で，4℃の水1 molを100℃で蒸発させると体積は何倍になるか．ただし，4℃での水の密度を1.00 g/cm^3とする．

4) モル濃度 m mol/dm^3と質量パーセント濃度 C_m %の関係を求めよ．ただし，溶液の密度を d g/cm^3，溶質の1 molの質量を W g/molとする．

5) 1000 gの水にショ糖を0.5 mol溶かした溶液の沸点はいくらになるか．

ただし，水のモル沸点上昇は0.513 K kg/mol である．

6) NaCl，C₆H₁₂O₆(ブドウ糖)，CaCl₂ の三つの物質について，それぞれ同じ重さだけ取り，同じ量の水に溶かしたとき，溶液の示す凝固点のもっとも高いものはどれか．ただし，電解質(NaClとCaCl₂)は完全に電離していると仮定せよ．また，各物質の式量または分子量を NaCl：58.5，C₆H₁₂O₆：180，CaCl₂：111とする．

7) ある非電解質の純物質の分子量を求めるために，凝固点を測定した．その純物質2.5 g を100 g の水に溶かした溶液の凝固点は－0.80 ℃であった．また，ブドウ糖1.8 g を溶かした溶液の凝固点は－0.186 ℃であった．その純物質の分子量はいくらか．ただし，ブドウ糖の分子量を180とする．

5章 反応速度

あっという間にすんでしまう反応と，長い年月をかけてゆっくり進む反応があることは，普段の経験からもわかるだろう．たとえば，花火が夜空に輝くのはたいへん速い反応であるし，銅板でできた屋根が徐々に錆びていくのは遅い反応である．

本章では，反応の速さ（反応速度）を定義し，反応速度を決める要因とそのしくみを学ぶ．これにより，初期の状態から一定時間が経過した後の各成分の濃度などを予測することが可能になる．

花火は速い反応の代表例

5.1 反応速度を定義する

反応速度の要因は濃度だけではない

出会いがなければ何ごともはじまらないのが世の原則である．化学反応（変化）についても同じことがいえる．反応とは，反応物の分子が衝突し，分子を構成する原子の結合の組み替えが生じて生成物が生成することである．

このことから，反応が素早く起こるためには分子の衝突が頻繁であればよいことがわかる．そして，反応物の濃度（気体なら分圧）が大きければ，衝突の頻度も大きいと予想される．それは，混雑していればしているほど，人と人がぶつかる頻度が多くなると予想されることと同じである．実際，多くの反応でそのことは認められる．

しかし，たとえば水素と酸素をかなりの高圧で混合しても，温度が低ければつぎの反応は起こらない．

$$2H_2 + O_2 \longrightarrow 2H_2O$$

このことは，**反応速度**を決めるのに，濃度以外にも温度がかかわっていることを予測させる．このような簡単な考察だけでも，反応速度を決める要因はいくつかあることがわかる．それぞれの要因がどのように関係してい

反応速度の表し方

反応速度は，単位時間あたりの反応物の濃度の減少量，または生成物の濃度の増加量で表す．たとえば，反応 A → B において，時刻 t_1 から t_2 の間に A のモル濃度が $[A]_1$ から $[A]_2$ に減少したとすると，この間の平均の反応速度 $\overline{v_A}$ は

$$\overline{v_A} = -\frac{[A]_2 - [A]_1}{t_2 - t_1} = -\frac{\Delta[A]}{\Delta t} \tag{5.1}$$

で与えられる[*1]（図5.1）．ここで，$\Delta[A] = [A]_2 - [A]_1$，$\Delta t = t_2 - t_1$ である．また，A → B であるから，[A] の減少量と [B] の増加量は等しい．

*1 反応速度はつねに正の値で表す．$\Delta[A]$ は負であるから，式の前に負号をつける．

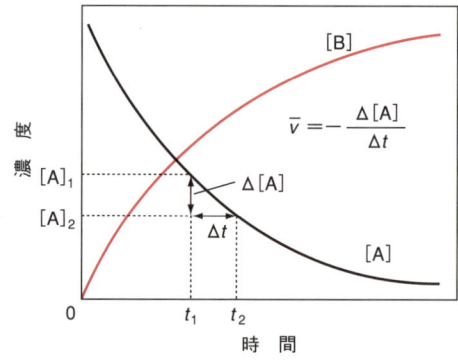

図 5.1 反応物 A の濃度[A]と生成物 B の濃度[B]の時間の変化
[A]は A のモル濃度を表す．

例題5.1 (1) 図5.1において，$[A]_1 = 0.5\,\mathrm{mol/dm^3}$，$[A]_2 = 0.2\,\mathrm{mol/dm^3}$，$t_1 = 10\,\mathrm{s}$，$t_2 = 60\,\mathrm{s}$ とすると，この間の平均の反応速度はいくらになるか．

(2) 化学反応 A → 2B について，時刻 t_1 から t_2 の間に B の濃度が $[B]_1$ から $[B]_2$ に増加した．この間の平均の反応速度 $\overline{v_B}$ を式で示せ．また，$\overline{v_A}$ と $\overline{v_B}$ の関係を式で示せ．

【解答】 (1) $6.0 \times 10^{-3}\,\mathrm{mol/dm^3\,s}$

(2) $\overline{v_B} = \dfrac{[B]_2 - [B]_1}{t_2 - t_1}$ 　　$2\overline{v_A} = \overline{v_B}$

《解説》 (1) $\overline{v} = -\dfrac{0.2 - 0.5}{60 - 10} = 6.0 \times 10^{-3}\,\mathrm{mol/dm^3\,s}$

(2) 生成物の濃度[B]は増加するので，反応物の濃度[A]のときのように負号－をつける必要はない．また，A → 2B であるから，B の生成量

はAの減少量の2倍であり，反応速度も2倍になる．

5.2 反応速度を式で表す

反応速度と濃度の関係

反応速度は，多くの場合，反応物の濃度が高いほど大きい．それは，濃度が高いと，反応物の分子どうしが衝突して反応が生じる可能性が大きくなるからである（分子どうしの衝突がないと反応は生じないと考えられる）．

いろいろな反応のなかには，反応速度が濃度に比例するものがある．化学反応式 A → 2B にあてはめるとつぎのようになる．

$$\frac{-\mathrm{d}[A]}{\mathrm{d}t} = v_A = k[A] \quad \text{*2} \tag{5.2}$$

*2 このとき，$\mathrm{d}[B]/\mathrm{d}t = v_B = 2v_A = 2k[A]$である．

このように，反応速度と濃度の関係を示した式を**反応速度式**といい，比例定数 k を**反応速度定数**という．反応速度定数 k は反応の種類によって異なり，同じ反応であっても触媒の有無や温度によっても変化する．すなわち k は，反応速度に影響を与える因子のうち，濃度以外の因子をまとめたものと考えればよいだろう．

このことは気体の状態方程式 $PV = nRT$ と比較してみるとわかりやすい．$P = nRT/V$ のかたちにすると，右辺に P を決めるすべての因子が表示される．これと比較すると，式(5.2)では濃度以外の因子は k に含まれていることがわかる．

ここで，つぎの反応を例に，反応の次数ということについて考えてみよう．反応の次数は，実験結果から求められる．反応の次数は実際の反応のしくみを理解するうえで重要であるが，反応式と反応のしくみとは直接一致しているわけではない．このことはつぎの項で詳しく学ぶことにして，まずは反応の次数とはどういうものか，見てみよう．

$$\mathrm{H_2 + I_2 \longrightarrow 2HI} \tag{5.3}$$

この反応における $\mathrm{H_2}$ および $\mathrm{I_2}$ の反応速度 v は

$$v = -\frac{\mathrm{d}[\mathrm{H_2}]}{\mathrm{d}t} = -\frac{\mathrm{d}[\mathrm{I_2}]}{\mathrm{d}t} = k[\mathrm{H_2}][\mathrm{I_2}] \tag{5.4}$$

で表される．ここで，右辺では $[\mathrm{H_2}]$，$[\mathrm{I_2}]$ の次数がいずれも1であるから，この反応の次数は，$[\mathrm{H_2}]$，$[\mathrm{I_2}]$ それぞれについて一次であるといい，反応全体の次数は二次であるという．

☞ one rank up !

反応速度に影響を与える因子
反応物や触媒に固体が存在する場合（不均一反応系という）には，その固体の表面積が反応速度に影響を与える．また，光が反応に関与する場合には光の強さが反応速度に影響する．

例題5.2 (1) 式(5.4)の反応速度定数 k の単位を求めよ．ただし，反応速度の単位は $(\mathrm{mol/dm^3\,s})$ とする．

(2) 式(5.4)において，k が $1.3 \times 10^{-3}\,(\mathrm{dm^3/mol\,s})$，$H_2$，$I_2$ の濃度がそれぞれ $0.10\,\mathrm{mol/dm^3}$，$0.20\,\mathrm{mol/dm^3}$ のとき，反応速度を求めよ．

【解答】 (1) $\mathrm{dm^3/mol\,s}$　$(\mathrm{mol^{-1}\,dm^3\,s^{-1}})$　(2) $2.6 \times 10^{-5}\,\mathrm{mol/dm^3\,s}$

《解説》 (1) k の単位を x とすると，式(5.4)の両辺の単位（次元）は等しいから
$$\mathrm{mol/dm^3\,s} = x(\mathrm{mol/dm^3})(\mathrm{mol/dm^3}) \quad \therefore \quad x = \mathrm{dm^3/mol\,s}$$
(2) $v = 1.3 \times 10^{-3} \times 0.10 \times 0.20 = 2.6 \times 10^{-5}\,\mathrm{mol/dm^3\,s}$

反応次数と反応式は無関係

反応速度式は，化学反応式の係数をそのままあてはめて得られるものではなく，あくまでも実験結果に基づく実験式である．たとえばつぎの反応では，**反応次数**は反応式の係数とは無関係であることが，実験の結果わかっている．ここで，CH_3CHO はアセトアルデヒドという有機化合物である．

$$CH_3CHO \longrightarrow CH_4 + CO \tag{5.5}$$

$$v = k[CH_3CHO]^{\frac{3}{2}} \tag{5.6}$$

反応次数と反応式が無関係なのは，実際の反応は，反応物分子が衝突すると，まずはさまざまな中間体が生成し，それらがまた衝突して反応し，最終生成物が得られるという複雑な機構をもつ場合が多いからである．道路標識が現地点と目的地を示すだけで，経路を示していないのと同じである．

このような場合，個々の化学種（中間体を含めた化学式の異なる各粒子）の衝突による反応を**素反応**と呼び，これらの素反応がいくつか生じることによって反応物から生成物が得られる．

たとえば，五酸化二窒素 N_2O_5 の分解反応は一次反応であり，つぎの式(5.7)，(5.8)のように表されるが，実際には式(5.9)に示されるような四つの素反応からなる複合反応である．

$$N_2O_5 \longrightarrow 2NO_2 + \frac{1}{2}O_2 \tag{5.7}$$

$$-\frac{d[N_2O_5]}{dt} = k[N_2O_5] \tag{5.8}$$

$N_2O_5{}^*$ は自分で解離可能な高エネルギー分子

$$\left.\begin{array}{l} N_2O_5 + N_2O_5 \longrightarrow N_2O_5{}^* + N_2O_5 \\ N_2O_5{}^* \longrightarrow NO_2 + NO_3 \\ NO_2 + NO_3 \longrightarrow NO_2 + NO + O_2 \\ NO + NO_3 \longrightarrow 2NO_2 \end{array}\right\} \tag{5.9}$$

素反応は，実際の分子の衝突(反応)を示しているから，反応に関与する分子の数と素反応の次数は同じである．たとえば，式(5.9)の最後の素反応の反応速度は，$v = k[\text{NO}][\text{NO}_3]$ であり二次反応である．

律速段階で速度が決まる

ある化学反応がいくつかの素反応で構成されている場合を考える．これらの素反応のうち，ある一つの反応速度がきわめて遅い場合，その素反応で示される反応段階を**律速段階**といい，この段階が反応全体の速度を決めている．つまり，もっとも遅い段階が全体の速さを決めているというわけである．

たとえば，①書類を印刷し，②折りたたみ，③封筒に入れ，④のりをつけて封印する，という作業を分担して行うとする．①〜④のうちでもっとも遅い(時間のかかる)段階が作業全体の速度を決めているのと同じである．このとき，そのもっとも遅い段階が律速段階である．

例題5.3 $3\text{A} + 2\text{B} \longrightarrow \text{C} + \text{D}$ という反応について，つぎの素反応が与えられている．

$\text{A} + \text{B} \longrightarrow \text{E} + \text{F}$
$\text{A} + \text{E} \longrightarrow \text{H}$
$\text{A} + \text{F} \longrightarrow \text{G}$
$\text{B} + \text{H} + \text{G} \longrightarrow \text{C} + \text{D}$

このとき，速度式が $v_A = k[\text{A}][\text{B}]$ で表されるとすると，どの素反応が律速段階と考えられるか．

【解答】 $\text{A} + \text{B} \longrightarrow \text{E} + \text{F}$

《解説》 $\text{A} + \text{B} \longrightarrow \text{E} + \text{F}$ の反応速度は $k[\text{A}][\text{B}]$ で表される．この素反応の速度が他の段階よりきわめて遅いと，この反応の速度が全体の速度に等しくなる．

反応速度と化学平衡

式(5.3)は**可逆反応**であり，逆反応は反応速度がつぎの式で与えられる二次反応である．

$$v' = -\frac{d[\text{HI}]}{dt} = k'[\text{HI}]^2 \tag{5.10}$$

平衡状態では，$v = v'$ であるから，平衡状態での各成分の濃度をとくに

☞ **one rank up!**

可逆反応・逆反応・平衡状態
反応式において，右向きにも左向きにも進む反応を可逆反応といい，右向きの反応を正反応，左向きの反応を逆反応という．また，正反応と逆反応の速度が等しく，見かけ上は反応が止まった状態のことを平衡状態という．

これらのことについては，9章で詳しく学ぶ．

[H$_2$]$_e$,[I$_2$]$_e$,[HI]$_e$ と表すと[*3]

$$k[\text{H}_2]_e[\text{I}_2]_e = k'[\text{HI}]_e^2 \tag{5.11}$$

であり

$$K = \frac{[\text{HI}]_e^2}{[\text{H}_2]_e[\text{I}_2]_e} = \frac{k}{k'} = 一定 \tag{5.12}$$

と表せる.K は**平衡定数**と呼ばれ,速度定数の商として表されている.

*3 これら濃度は,反応速度式で表れる任意の時点での濃度ではないことに注意すること.

例題5.4 $2\text{NO}_2 + \text{F}_2 \rightleftarrows 2\text{NO}_2\text{F}$ という平衡反応(平衡定数 K)の素反応はつぎの通りである.これを用いて,素反応の速度定数 k_1,k_{-1},k_2,k_{-2} と K との関係を導け.

$$\text{NO}_2 + \text{F}_2 \underset{k_{-1}}{\overset{k_1}{\rightleftarrows}} \text{NO}_2\text{F} + \text{F}$$

$$\text{F} + \text{NO}_2 \underset{k_{-2}}{\overset{k_2}{\rightleftarrows}} \text{NO}_2\text{F}$$

【解答】 $K = \dfrac{k_1 k_2}{k_{-1} k_{-2}}$

《解説》 二つの素反応がいずれも平衡状態にあると考えられるので

$$k_1[\text{NO}_2]_e[\text{F}_2]_e = k_{-1}[\text{NO}_2\text{F}]_e[\text{F}]_e$$
$$k_2[\text{F}]_e[\text{NO}_2]_e = k_{-2}[\text{NO}_2\text{F}]_e$$

両式から中間体の $[\text{F}]_e$ を消去して整理すると

$$\frac{k_1 k_2}{k_{-1} k_{-2}} = \frac{[\text{NO}_2\text{F}]_e^2}{[\text{NO}_2]_e^2 [\text{F}_2]_e} = K$$

コラム 反応速度と濃度の関係は難しい

平衡の法則(質量作用の法則)を表す各成分の平衡濃度間の関係式(たとえば,式5.12)から速度式が導けるように思うが,そうではない.式(5.3)の可逆反応は,それ自身が素反応であり(そうではないという詳しい議論もあるが),化学量論的な化学反応式と偶然一致している.そのため,平衡定数 K の分子が逆反応,分母が正反応の濃度部分と一致したのである.

一般的には,すべての素反応について平衡状態(素反応ごとの正逆反応の速度が等しい)を想定して,各平衡時での濃度成分の関係式を導き,さらに計算作業によって中間体の濃度表示を消去して得られた反応物,生成物だけの平衡濃度の関係式が,平衡定数 K と一致する.あくまでも,平衡定数 K から素反応を導くことはできないし,正逆いずれの反応速度式も得られないことに注意したい.

となる.ただし,[NO$_2$F]$_e$などのeは平衡時であることを示している.

5.3 活性化エネルギーを超えると反応が起こる

活性化状態を経て反応が生じる

出会いがなければ何もはじまらない.しかし,何らかの情熱がなければ,その出会いには変化が生じないのも,これまた原則である.どこまで情熱が高まれば,二人は結ばれる(反応が生じる)のであろうか.

つぎの反応は高温では迅速に起こるが,常温ではほとんど反応しない.

$$2CO + O_2 \longrightarrow 2CO_2$$

このことは何を示しているのだろうか.この反応では,CO分子とO$_2$分子が衝突して反応が生じるはずである.常温でも分子どうしは頻繁に衝突しているはずであるが,なぜ常温では反応が生じないのだろうか.

それは,衝突した分子がすべて反応するわけではないからである.衝突した分子が反応するためには,**活性化状態**というエネルギーの高い状態を経なければならず,活性化状態を経た後に生成物に変化する.つまり,衝突(出会い)のときに,活性化状態を形成できるようなエネルギー(情熱)をもった分子のみが反応することができる.また,温度が高いほど活性化状態を形成するのに必要なエネルギーをもった分子の割合が高くなり,反応が生じやすくなる[*4].

反応を起こすのに必要な活性化エネルギー

反応物を活性化状態にするのに必要な最小のエネルギーを**活性化エネルギー**(E_a)という.反応物から活性化状態を経て生成物になる変化(反応経路)をエネルギーの面で見ると図5.2のようになる.

活性化エネルギーは,反応ごとに固有の値を示す.また,図5.3を見ればわかるように,高温になると反応可能な分子が著しく増加する.すなわ

[*4] 活性化状態についてのより精緻な理論は,アイリングが1920年代に提案した「遷移状態理論(絶対反応速度論)」に見られる.

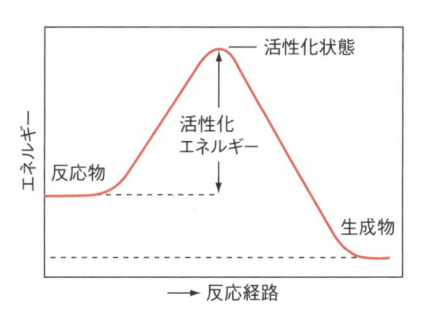

図5.2 反応経路と活性化エネルギー
活性化状態という高エネルギーの状態を経て生成物ができる.

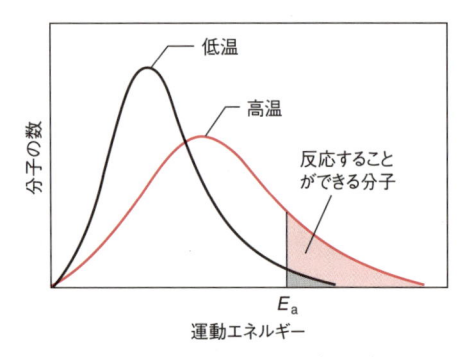

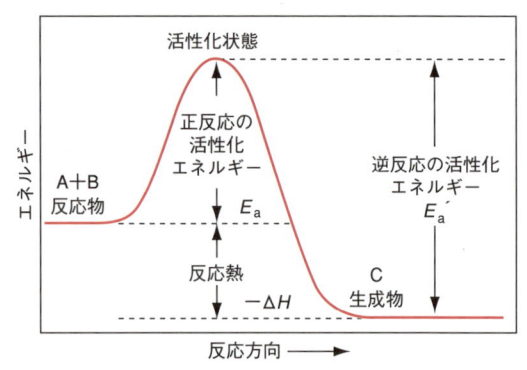

図 5.3 気体分子の運動エネルギー分布と温度
E_a が活性化エネルギーである．高温ほど E_a 以上のエネルギーをもつ分子の割合が高いことがわかる．

図 5.4 反応経路と活性化エネルギーの関係
正反応と逆反応の活性化エネルギーの差が反応熱である．

ち，温度が高いほど反応速度は大きくなる．1889年，アレーニウスは，速度定数 k は絶対温度 T，活性化エネルギー E_a の関数であり，つぎのように表されることを経験的に見いだした[*5]．R は気体定数である．

*5 アレーニウスは，統計力学による分子運動とエネルギーの分配関数より，この式を推測したともいわれる．

$$k = A e^{-E_a/RT} = A\exp(-E_a/RT) \tag{5.13}$$

ここで A は**頻度因子**といい，反応ごとの分子間の衝突頻度に関する値である．

$$A + B \longrightarrow C$$

上記の反応における，反応経路，反応熱 $(-\Delta H)$，E_a の関係を示すと図5.4のようになる．逆反応の活性化エネルギーが E_a' であり，E_a と E_a' の差が反応熱となっている．この図からもわかるように，活性化状態というもっともエネルギーの高い状態を経て C が生成され，エネルギー的に安定するのである．

コラム 活性化エネルギーを求めるのは重労働

活性化エネルギーを求めるにはどうすればよいのだろうか．式(5.13)をもう一度見てみよう．頻度因子 A は温度に対してほとんど変化しない定数と見なせるので，自然対数 $\ln$ をとると

$$\ln k = \ln A - \frac{E_a}{RT} \tag{5.14}$$

となり，$\ln k$ と $1/T$ をグラフとしてプロットすると直線関係になる．このグラフの傾きが $-E_a/R$ に等しいと見なせるので，グラフから読みとった傾きから E_a を算出することができる．このような操作をアレーニウスプロットという．

実際には，温度を変えて反応速度定数 k の測定実験を行い，そのデータをもとにグラフを作成し，読みとり，計算を行う．

教科書などにでているデータは，このような地道な作業のたまものである．化学という学問は，実験なしには成立しないのである．

複雑な反応の場合には，図5.5のような経過を経て反応することがある．このとき，物質Cは活性化状態ではなく中間体という．$(AB)^*$，C^*は活性化状態である．

$$A + B \longrightarrow (AB)^* \longrightarrow C \longrightarrow C^* \longrightarrow D + E$$

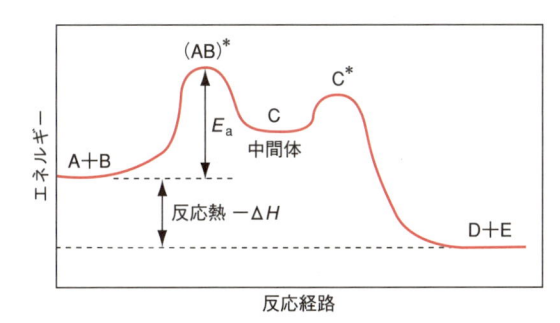

図5.5 反応中間体が存在する場合の反応経路とエネルギー
反応全体で見ると，正反応の活性化エネルギーはE_aである．

活性化状態の物質を単離することは難しいが，エネルギー的に安定している中間体を得ることは可能である．

触媒の役割とそのしくみ

出会いのときに適切な仲介者がいれば，情熱が少なくても結ばれる（反応が生じる）かもしれない．化学反応では，**触媒**という物質が仲介者の役割を担っている．触媒は化学反応と化学工業を考える上できわめて重要な物質である（表5.1）．触媒を使えば，化学反応をより穏和な条件で行わせることができる．ここでは，触媒がどのようにして化学反応を仲介しているのか，そのしくみを学ぼう．

触媒がかかわる反応では，反応物と触媒とが中間体を形成し，その中間

表5.1 化学工業と触媒の例

反　応	触　媒
$N_2 + 3H_2 \longrightarrow 2NH_3$（ハーバー法）	$Fe_3O_4 + Al_2O_3 + K_2O$
$2SO_2 + O_2 \longrightarrow 2SO_3$（接触法）	V_2O_5
$CO + 2H_2 \longrightarrow CH_3OH$	$ZnO + Cu_2O + Cr_2O_3$
$CH_3OH + CO \longrightarrow CH_3COOH$	$Rh + I_2$
$2CH_2CH_2 + O_2 \longrightarrow 2CH_3CHO$	$PdCl_2 + CuCl_2$
⬡ $+ CH_3CHCH_2 \longrightarrow$ ⬡$-CH(CH_3)_2$	$H_3PO_4 + Al_2O_3$
$nCH_2CH_2 \longrightarrow [CH_2\text{-}CH_2]_n$	$TiCl_4 + Al(C_2H_5)_3$

体が活性化状態を経て分解することで生成物が得られるが，この分解と同時に触媒は再生される．再生された触媒はつぎの反応物と再び中間体を形成できるから，繰り返し反応にかかわることができる．

たとえば，A + B ⟶ X + Y の反応において，触媒（C とする）が作用するときのイメージを示してみよう．

$$A + C \longrightarrow A\cdots C (中間体)$$

まずはこのように反応し，中間体が形成される．これに B が接近することにより

$$A\cdots C + B \longrightarrow (A\cdots B)\cdots C \longrightarrow X + Y + C$$
$$\qquad\qquad\qquad\quad (活性化状態)$$

のように，活性化状態を経て，生成物 X, Y が得られ触媒 C の再生がなされる．触媒は再生されるから反応に繰り返し関与することができる．

生体のなかで触媒作用をしている物質が**酵素**である．酵素はおもにタンパク質で構成されている．酵素があるおかげで，体のなかでいろいろな反応が穏和な条件下で生じることができる．

触媒が活性化エネルギーを下げる

反応物が触媒と中間体を形成してから生成物ができるときの活性化状態と，触媒がないときの活性化状態とはまったくの別状態である．つまり，それぞれ反応経路が別であり，活性化エネルギーも異なる（図5.6）．触媒があるときの活性化エネルギー E_{ac} は触媒がないときの活性化エネルギー E_a と比べてきわめて小さい．そのため，同じ温度で比較しても，活性化エネルギー以上のエネルギーをもつ分子の割合が多くなり，反応速度も大きくなる（図5.7）．

平衡という観点から，触媒の役割を見てみよう．化学反応式において，

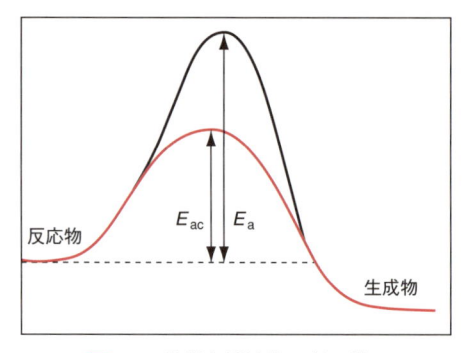

図 5.6 触媒と活性化エネルギー
E_{ac} は触媒がないときの活性化エネルギー E_a よりはるかに小さい．

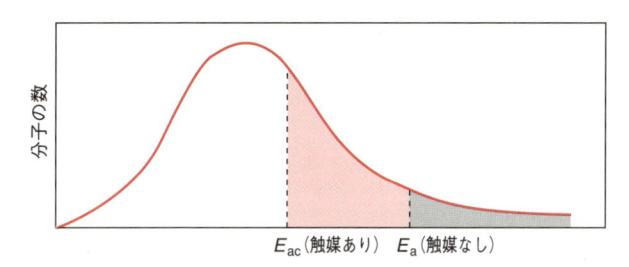

図 5.7 触媒と反応可能な分子数との関係
触媒を用いることで，反応可能な分子が大幅に増加することがわかる．

生成物に大きく平衡が偏っている場合でも，活性化エネルギーが大きいために反応は遅々として進まず生成物がほとんど得られないことがある．このような反応に有効な触媒を開発できれば，いままでは事実上不可能であった化学反応が可能になる．

以上のように，触媒なくして今日の化学工業はない．触媒を用いることで，反応時間の短縮による作業効率の向上や，反応温度の低下による装置の簡便(廉価)化とエネルギーの節約が可能になる．また，環境に負荷をかける物質の除去や無害化などにも利用される．触媒の開発には大きな意味がある．

章末問題

1] $-d[A]/dt = v_A = k[A]$ において，$t=0$ での濃度(初濃度)を $[A]_0$ とするとき，任意の時刻 t での濃度 $[A]_t$ を求めよ．

2] 1 において，$[A]_t = 1/2\,[A]_0$ となる時刻 $\tau_{1/2}$ と k の関係を求めよ．$\tau_{1/2}$ を半減期という．

3] $-d[B]/dt = v_B = k[B]^2$ において，$t=0$ での濃度(初濃度)を $[B]_0$ とするとき，任意の時刻 t での濃度 $[B]_t$ を求めよ．

4] 式(5.3)の逆反応の速度定数 k' が $3.0 \times 10^{-5}\,\mathrm{dm^3/mol\,s}$ のとき，HI の初濃度を $0.10\,\mathrm{mol/dm^3}$ とすると，$t = 1.0 \times 10^4\,\mathrm{s}$ のときの濃度はいくらか．また，それは初濃度の何％か．ただし，正反応の存在を無視して計算せよ．また

$$v' = -\frac{d[HI]}{dt} = k'[HI]^2$$

と考えよ．

6章 酸と塩基

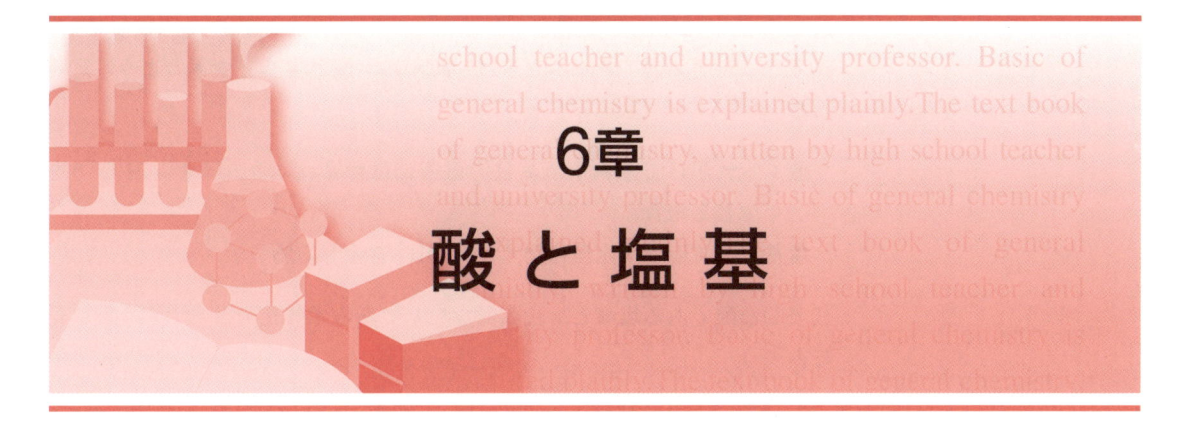

　酸や塩基と人間とのつきあいはたいへん長い．たとえば，食酢（お酢）は古代からつくられていたし，植物の灰などは洗剤の原料として利用されていた．このことは，根源的には人間をはじめとする生物は，水なしでは生存できないことと関係している．

　今日の酸・塩基の概念は，昔からの素朴な酸・塩基と水との関係を越えて拡張されている．その歴史をたどりつつ，酸・塩基について学んでいこう．

6.1　酸・塩基を化学的に定義する

生活のなかの酸性と塩基性

　塩酸 HCl，硫酸 H_2SO_4，酢酸 CH_3COOH などの酸と呼ばれる物質には，つぎに示すような共通した性質がある．

　①その水溶液が酸味を帯びている（酸っぱい）
　②鉄や亜鉛と反応して水素を発生する
　③青色リトマス試験紙を赤くする

こういった性質を酸性という．

　一方，水酸化ナトリウム NaOH，水酸化バリウム $Ba(OH)_2$，アンモニア NH_3 などの塩基と呼ばれる物質には，つぎのような共通した性質がある．

　①その水溶液が苦みを帯びている
　②手につけるとぬるぬるする
　③赤色リトマス紙を青くする

こういった性質を塩基性という．酸性も塩基性も示さない性質を中性という．水は典型的な中性物質である．

酸と塩基の化学的な定義

スウェーデンのアレーニウスは1887年に，酸と塩基をつぎのように定義した．

酸：水に溶けて水素イオン H^+（厳密にはオキソニウムイオン H_3O^+）を生じる物質．
塩基：水に溶けて水酸化物イオン OH^- を生じる物質．

代表的な酸である塩酸と，代表的な塩基である水酸化ナトリウムを例に見てみよう．

$$HCl \longrightarrow H^+ + Cl^-$$
$$NaOH \longrightarrow Na^+ + OH^-$$

すなわち，酸性の原因物質を水素イオン H^+（H_3O^+），塩基性の原因物質を水酸化物イオン OH^- と考えたのである．

例題6.1 水溶液中でつぎのように電離する各物質を酸，塩基に分類せよ．

硫酸　$H_2SO_4 \longrightarrow 2H^+ + SO_4^{2-}$
水酸化カルシウム　$Ca(OH)_2 \longrightarrow Ca^{2+} + 2OH^-$
硝酸　$HNO_3 \longrightarrow H^+ + NO_3^-$
酢酸　$CH_3COOH \longrightarrow CH_3COO^- + H^+$
水酸化カリウム　$KOH \longrightarrow K^+ + OH^-$
水酸化バリウム　$Ba(OH)_2 \longrightarrow Ba^{2+} + 2OH^-$

【解答】　酸：H_2SO_4, HNO_3, CH_3COOH
　　　　塩基：$Ca(OH)_2$, KOH, $Ba(OH)_2$

《解説》　水溶液中で電離して，H^+ を生じるものが酸，OH^- を生じるものが塩基である．

酸と塩基の価数

酸について，一つの化学式から生じる H^+ の数を酸の**価数**という．同様に，一つの化学式から生じる OH^- の数を塩基の価数という．したがって，塩酸 HCl は1価の酸，硫酸 H_2SO_4 は2価の酸であり，水酸化ナトリウム NaOH は1価の塩基，水酸化カルシウム $Ca(OH)_2$ は2価の塩基である．

酸や塩基の強弱は何で決まるか

常温，$0.1\,mol/dm^3$ 程度の水溶液中では，HCl や NaOH はほぼ完全にイ

オンの状態で存在している．このように，物質が水溶液中でイオンに分かれることを電離という．

$$HCl \longrightarrow H^+ + Cl^-$$
$$NaOH \longrightarrow Na^+ + OH^-$$

水溶液中で，ほぼ完全に電離する酸や塩基をそれぞれ強酸，強塩基という．

一方，CH_3COOH や NH_3 は約1％しか電離していない（図6.1）．このような酸や塩基をそれぞれ弱酸，弱塩基という．強酸・強塩基と弱酸・弱塩基とでは，同じ濃度でも，酸性，塩基性の強さに大きな違いがある．

ここで，先に説明した「価数」と酸や塩基の強弱は関係がないことに注意してほしい（表6.1）．たとえば，リン酸 H_3PO_4 は3価の酸であるが，電離する割合が小さいため，生じる H^+ は少ないので弱酸である．一方，塩酸 HCl は1価の酸であるが，ほぼ完全に電離するため，生じる H^+ は多く，強酸である．

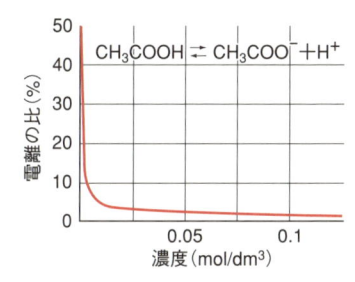

図 6.1 酢酸の電離の割合と濃度の関係
25℃のときのグラフ．

表 6.1 酸と塩基の価数と強弱

価数	強酸	弱酸	強塩基	弱塩基
1	塩酸 HCl 硝酸 HNO_3	酢酸 CH_3COOH	水酸化ナトリウム NaOH 水酸化カリウム KOH	アンモニア NH_3
2	硫酸 H_2SO_4	硫化水素 H_2S	水酸化カルシウム $Ca(OH)_2$	水酸化銅(Ⅱ) $Cu(OH)_2$
3		リン酸 H_3PO_4		水酸化鉄(Ⅲ) $Fe(OH)_3$

6.2 酸塩基の電離と電離平衡

電離度の求め方

酸や塩基が水に溶けたときに，どのくらい電離するかの割合を示すのが電離度 α であり，つぎのように定義される．

*1 α＝電離している酸(塩基)の濃度/酸(塩基)全体の濃度でもよい．

$$\alpha = \frac{\text{電離している酸(塩基)の物質量}}{\text{溶液中の酸(塩基)の全物質量}} \quad *1$$

電離度とは，たとえていうなら，全受験生に対する合格者の割合のようなものである．

ここで，酢酸を例に，電離度について具体的に見ていこう．酢酸はつぎのように電離する．$\rightleftarrows$ は左右いずれの方向にも反応が生じることを示している．このような反応を可逆反応という．

$$CH_3COOH \rightleftarrows CH_3COO^- + H^+$$

	CH₃COOH	CH₃COO⁻	H⁺	
電離前	c	0	0	
平衡状態*2	$c(1-\alpha)$	$c\alpha$	$c\alpha$	(mol/dm³)

*2 可逆反応では，見かけ上は反応が途中で停止し，左辺・右辺いずれの物質も存在する状態となる．これを平衡状態といい，電離反応の場合とくに電離平衡という．

$[H^+] = c\alpha$ となるので，酢酸の濃度 c mol/dm³ とそのときの水素イオン濃度 $[H^+]$ がわかっていれば，電離度 α を求めることができる*3．

*3 $[CH_3COOH]$ は $c - c\alpha = c(1-\alpha)$ である．

例題6.2 0.050 mol/dm³ 酢酸水溶液の $[H^+]$ が 0.0010 mol/dm³ であるとすると，このときの電離度はいくらか．

【解答】 0.020

《解説》 CH_3COOH は1価の酸だから，$\alpha = [H^+]/c$ である．よって

$$\alpha = \frac{0.0010}{0.050} = 0.020$$

多価の酸や塩基は段階的に電離する

多価*4 の酸では，電離は段階的に進む．たとえば，3価の酸であるリン酸は，3段階で電離する．

*4 2価以上のこと．

$$H_3PO_4 \rightleftarrows H^+ + H_2PO_4^-$$
$$H_2PO_4^- \rightleftarrows H^+ + HPO_4^{2-}$$
$$HPO_4^{2-} \rightleftarrows H^+ + PO_4^{3-}$$

一般に，多価の酸では1段階目の電離度がもっとも大きく，2段階目，3段階目となるにつれて小さくなる．いいかえると，リン酸の場合，酸としての強さは $H_3PO_4 > H_2PO_4^- > HPO_4^{2-}$ の順に小さくなる*5．

*5 このことは，それぞれの酸の電離平衡における平衡定数(電離定数)がこの順で小さくなることから導ける．

弱酸・弱塩基の電離平衡

水溶液中の酢酸は，つぎのような電離平衡状態にある．

$$CH_3COOH \rightleftharpoons CH_3COO^- + H^+$$

平衡定数[*6]を K_a とすると

$$K_a = \frac{[CH_3COO^-][H^+]}{[CH_3COOH]} \text{ mol/dm}^3$$

であり，この平衡定数をとくに**電離定数**という．代表的な弱酸や弱塩基の電離定数を，表6.2に示す．

[*6] $aA + bB \rightleftharpoons cC + dD$ の平衡定数 K はつぎの式で表される．

$$K = \frac{[C]^c[D]^d}{[A]^a[B]^b}$$

☞ **one rank up !**
電離定数
水溶液中では，電離する分子と電離していない分子が平衡状態にある．この平衡時の各成分の濃度を用いて表した数値を電離定数という．温度が一定であれば，電離定数も一定である．

表6.2 代表的な弱酸・弱塩基の電離定数（25℃）

酸	K_a	塩基	K_b
ギ酸	1.8×10^{-4}	アンモニア	1.8×10^{-5}
酢酸	1.8×10^{-5}	アニリン	4.3×10^{-10}

この電離定数 K_a と電離度 α との関係を考えてみよう．酢酸の全濃度を $c \text{ mol/dm}^3$ とすると，平衡時の各成分の濃度はつぎのようになる．

$$CH_3COOH \rightleftharpoons CH_3COO^- + H^+$$
$$c(1-\alpha) \qquad\qquad c\alpha \qquad c\alpha \quad (\text{mol/dm}^3)$$

よって

$$K_a = \frac{[CH_3COO^-][H^+]}{[CH_3COOH]} = \frac{c^2\alpha^2}{c(1-\alpha)}$$
$$= \frac{c\alpha^2}{1-\alpha} \text{ mol/dm}^3$$

弱酸の場合は電離度が小さいから，$1-\alpha \fallingdotseq 1$ とおいてよいので

$$K_a = c\alpha^2 \quad \therefore \quad \alpha = \sqrt{\frac{K_a}{c}}$$

となる．これをグラフで見ると，図6.2のようになる．

また，$[H^+] = c\alpha$ に，この α を代入すると，水素イオン濃度と電離定数の関係は，つぎのようになる．

$$[H^+] = [CH_3COO^-] = c\alpha = \sqrt{cK_a}$$

これを，グラフを用いて表すと，図6.3のようになる．

例題6.3 表6.2を用いて，$2.0 \times 10^{-3} \text{ mol/dm}^3$ のギ酸水溶液の電離度と $[H^+]$ を求めよ．

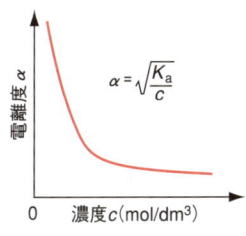

図6.2 弱酸の電離度と濃度の一般的な関係

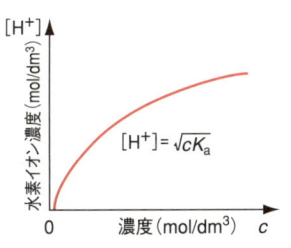

図6.3 弱酸の $[H^+]$ と濃度の一般的な関係

【解答】 電離度 $\alpha = 0.30$　　$[\mathrm{H}^+] = 6.0 \times 10^{-5}\,\mathrm{mol/dm^3}$

《解説》 酢酸と同様に考えればよい．ギ酸の $K_\mathrm{a} = 1.8 \times 10^{-4}\,\mathrm{mol/dm^3}$ だから

$$\alpha = \sqrt{\frac{K_\mathrm{a}}{c}} = \sqrt{\frac{1.8 \times 10^{-4}}{2.0 \times 10^{-3}}} = 0.30$$

$$[\mathrm{H}^+] = c\alpha = 2.0 \times 10^{-3} \times 0.30 = 6.0 \times 10^{-4}\,\mathrm{mol/dm^3}$$

つぎは，アンモニア $\mathrm{NH_3}$ について考察していこう．アンモニアは水のなかではつぎのような平衡状態にある．

$$\mathrm{NH_3 + H_2O \rightleftarrows NH_4^+ + OH^-}$$

$$\therefore\ K = \frac{[\mathrm{NH_4^+}][\mathrm{OH^-}]}{[\mathrm{NH_3}][\mathrm{H_2O}]}$$

ここで，水の濃度 $[\mathrm{H_2O}]$ は一定と見なせるので，この式は

$$[\mathrm{H_2O}]K = K_\mathrm{b} = \frac{[\mathrm{NH_4^+}][\mathrm{OH^-}]}{[\mathrm{NH_3}]}\,\mathrm{mol/dm^3}$$

とすることができる．なぜなら，$[\mathrm{H_2O}]$ と K がともに一定なら，その積 K_b も一定だからである．このように，電離平衡の式に $[\mathrm{H_2O}]$ が含まれていれば，新たに $[\mathrm{H_2O}]$ を含めた定数を電離定数 K_b とする．この K_b をアンモニアの電離定数という．

6.3　pH は水素イオン濃度から定義される

水のイオン積はつねに一定

この節では，酸や塩基の強弱を数値で示す指標である**水素イオン指数 pH**（ピーエイチ，ペーハー）について学んでいこう．

純粋な水も，つぎのようにわずかに電離している．

$$\mathrm{H_2O \rightleftarrows H^+ + OH^-}$$

よって，$K = [\mathrm{H^+}][\mathrm{OH^-}]/[\mathrm{H_2O}]$ であり，$[\mathrm{H_2O}] = $ 一定と見なせるので

$$[\mathrm{H_2O}]K = K_\mathrm{w} = [\mathrm{H^+}][\mathrm{OH^-}]\,(\mathrm{mol/dm^3})^2$$

とできる．この K_w を**水のイオン積**という[*7]．25℃では，$[\mathrm{H^+}] = [\mathrm{OH^-}] = 1.0 \times 10^{-7}\,\mathrm{mol/dm^3}$ であるので[*8]

[*7] 水のイオン積も平衡定数の一種である．

[*8] この値は，電極を用いて実際に電位を測定した結果，得られる値である．

$$K_\text{w} = [\text{H}^+][\text{OH}^-] = 1.0 \times 10^{-14} (\text{mol}/\text{dm}^3)^2$$

である．この $K_\text{w} = [\text{H}^+][\text{OH}^-] = 1.0 \times 10^{-14} (\text{mol}/\text{dm}^3)^2$ は，H^+，OH^-，H_2O の三者が共存する混合物（水溶液）についての平衡状態での関係を表しているから，純水以外の一般の水溶液中でも成り立つ．このとき，純水中（中性）では $[\text{H}^+] = [\text{OH}^-]$，酸性溶液では $[\text{H}^+] > [\text{OH}^-]$，塩基性溶液では $[\text{H}^+] < [\text{OH}^-]$ となる．K_w の式には表れていないが，$[\text{H}_2\text{O}]$ が大きく，かつほぼ一定であることが前提である．

酸塩基の水溶液の水素イオン濃度

 $0.10\,\text{mol}/\text{dm}^3$ 塩酸の電離度は 1 と見なせるから，$[\text{H}^+] = 0.10\,\text{mol}/\text{dm}^3$ である．よって

$$[\text{OH}^-] = \frac{K_\text{w}}{[\text{H}^+]} = \frac{1.0 \times 10^{-14}}{0.10} = 1.0 \times 10^{-13}\,\text{mol}/\text{dm}^3$$

となり，酸の水溶液中でもわずかではあるが OH^- は存在していることがわかる．この OH^- は，H_2O の電離によって生じている[*9]．

一方，$0.10\,\text{mol}/\text{dm}^3\,\text{NaOH}$ 水溶液では，$[\text{OH}^-] = 0.10\,\text{mol}/\text{dm}^3$ であるから

$$[\text{H}^+] = \frac{K_\text{w}}{[\text{OH}^-]} = \frac{1.0 \times 10^{-14}}{0.10} = 1.0 \times 10^{-13}\,\text{mol}/\text{dm}^3$$

となり，同様に塩基性の水溶液中にも H^+ が存在している．この H^+ は H_2O の電離によって生じている．

[*9] H^+ についても，H_2O の電離により，同じ量の H^+ が生じているから，より厳密には，$[\text{H}^+] = 0.10 + 1.0 \times 10^{-13}$ である．ただし，1.0×10^{-13} は 0.10 に比べて非常に小さいので，無視できる．

コラム　身近にある物質の pH

身の回りのものや私たちの体のなかにあるものも，いろいろな pH 値を示す．

たとえば，調味料である食酢（お酢）や醤油などは酸性物質を含むので pH は 7 より小さい．また，石けん水はかなり強い塩基性である．石けん水が目に入ってたいへん痛い思いをした経験があるだろうが，これは強い塩基性のしわざである．

一方，私たちの体内にある物質も，いろいろな pH を示す．胃液には塩酸が含まれているので，強い酸性を示す．また，すい液は胃のなかで酸性になった食物をほぼ中性付近に戻すために弱い塩基性を示す．

このように私たちはいろいろな pH を示す物質に取り囲まれている．

石けんも塩基の一つ

> **例題6.4** ある水溶液では$[H^+] = 0.050$ mol/dm^{3}である．この水溶液の$[OH^-]$はいくらか．

【解答】 2.0×10^{-13} mol/dm^3

《解説》 $[OH^-] = \dfrac{K_w}{[H^+]} = \dfrac{1.0 \times 10^{-14}}{0.050} = 2.0 \times 10^{-13}$ mol/dm^3

酸や塩基の強さを数値で表す pH

先に述べたように，$K_w = [H^+][OH^-] = 1.0 \times 10^{-14}$ (mol/dm^3)^2 (25℃)であるから，$[H^+]$と$[OH^-]$は反比例の関係にある．

一方，酸性が強いほど$[H^+]$が大きく，$[OH^-]$は小さい．塩基性が強いとその逆になる．よって，酸性，塩基性の強さは$[H^+]$または$[OH^-]$のどちらかを用いて表すことができる．

$[H^+]$，$[OH^-]$の値は非常に広い範囲で変化するので，$[H^+]$に着目し，次式で定義される水素イオン指数 pH を用いて，酸や塩基の強さを表す．

$$\mathrm{pH} = -\log_{10}[H^+]$$

たとえば，0.10 mol/dm^{3}の塩酸では，$[H^+] = 0.10$ mol/dm^{3}であるから

$$\mathrm{pH} = -\log_{10}[H^+] = -\log 0.10 = -\log 10^{-1} = 1.0$$

となる．純水では，$[H^+] = 1.0 \times 10^{-7}$ mol/dm^{3}であるから

$$\mathrm{pH} = -\log_{10}[H^+] = -\log 1.0 \times 10^{-7} = 7.0$$

である．0.10 mol/dm^{3}の水酸化ナトリウムでは，$[H^+] = 1.0 \times 10^{-13}$ mol/dm^{3}であるから

$$\mathrm{pH} = -\log_{10}[H^+] = -\log 1.0 \times 10^{-13} = 13$$

である．

このように，中性では pH = 7，酸性では pH < 7，塩基性では pH > 7となる．

> **例題6.5** pH = 4の水溶液の$[H^+]$は pH = 5の水溶液の$[H^+]$の何倍か．

【解答】 10倍

《解説》 pH = 4の水溶液では$[H^+] = 1.0 \times 10^{-4}$ mol/dm^3，pH = 5の水溶液では$[H^+] = 1.0 \times 10^{-5}$ mol/dm^{3}だから

$1.0 \times 10^{-4} / 1.0 \times 10^{-5} = 10$ 倍

pHによって色が変わる指示薬

フェノールフタレインやBTB（ブロモチモールブルー）はpHによって色が変わる物質である．そのため，水溶液のpHを調べる試薬として利用されている．このような試薬を **pH指示薬** という．

フェノールフタレインは酸性水溶液中では無色であるが，pH 8付近で赤くなりはじめ，pHが増えるとともに赤色が濃くなっていき，pH 10以上では変化しなくなる．BTBは酸性のときには黄色，塩基性のときには青色を示し，中性付近では緑色に見える．

このように，それぞれの指示薬は，ある特定のpHの範囲で色を変える．この範囲を変色域という（図6.4）．

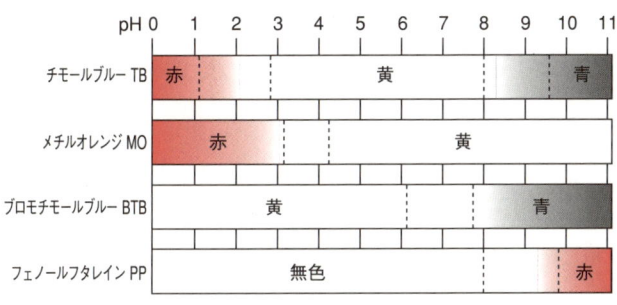

図 6.4 指示薬の変色域

弱酸・弱塩基の pK_a，pK_b

酸と塩基について，それぞれその K_a や K_b が小さいほど，より弱い酸や塩基であることがわかる．したがって，K_a，K_b から酸や塩基の強弱がわかるのだが，指数がでてきて煩雑である．そこで，pHと同じ計算の定義で，pK_a と pK_b を定義する．すなわち

$$pK_a = -\log K_a \qquad pK_b = -\log K_b$$

とする．

おもな弱酸と弱塩基について，pK_a と pK_b の値を表6.3にまとめた．弱酸や弱塩基ほど pK_a，pK_b の値が大きいことに注意しよう．このように，弱酸と強酸では pK_a の値が大きく違い，酸の強弱の目安になる．

例題6.6 表6.3を用い，リン酸の第2段階の電離定数 K_{a2} を求めよ．

【解答】 $6.3 \times 10^{-8} \, \text{mol/dm}^3$

《解説》 $pK_{a2} = 7.2$ であるから，$K_{a2} = 10^{-7.2} = 6.3 \times 10^{-8} \, \text{mol/dm}^3$

表 6.3 弱酸・弱塩基の pK_a, pK_b（概数）

20 ℃または25 ℃の値.

酸		pK_a	塩基	pK_b
リン酸	第一段階	2.2	アンモニア	4.8
	第二段階	7.2	アニリン	9.4
	第三段階	12.4	メチルアミン	3.3
炭酸	第一段階	3.9		
	第二段階	10.3		
硫化水素	第一段階	7.0		
	第二段階	14.0		
酢酸		5.7		
ギ酸		4.7		

参考：塩酸の pK_a = −7（推定値）

6.4 酸と塩基が結びつく中和反応

中和反応の定義

この節では，酸と塩基が反応して，互いにその性質を打ち消しあう「中和」について学んでいこう．H^+ が酸性を示し，OH^- が塩基性を示すのだから，中和反応とは，結局，つぎのような反応であるといえる．

$$H^+ + OH^- \longrightarrow H_2O$$

たとえば，HCl と NaOH の中和反応は，つぎのようになる．

$$HCl + NaOH \longrightarrow H^+ + Cl^- + Na^+ + OH^- \longrightarrow Na^+ + Cl^- + H_2O$$

この中和反応の結果，塩化ナトリウム NaCl が得られる．酸の陰イオン（この場合 Cl^-）と塩基の陽イオン（この場合 Na^+）からできる化合物（この場合 NaCl）を塩（「えん」と読む）という．

したがって，中和反応は，つぎのように表すことができる．

$$\text{酸} + \text{塩基} \longrightarrow \text{塩} + \text{水}$$

中和反応の量的関係を計算する

酸と塩基がちょうど中和するには，酸からでてくる H^+ と塩基からでてくる OH^- の量が等しくなければならない．

濃度 c mol/dm^3 の a 価の酸 V cm^3 には，H^+ が $acV/1000$ mol 含まれている．一方，濃度 c' mol/dm^3 の b 価の塩基 V' cm^3 には，OH^- が $bc'V'/1000$ mol 含まれている．ちょうど中和する条件は，この二つが等しくなることだから

$$\frac{acV}{1000} = \frac{bc'V'}{1000}$$

となる．つぎの例題で，この式の意味を具体的に見てみよう．

例題6.7 濃度不明の水酸化カルシウム $10.0\,\mathrm{cm}^3$ を $0.100\,\mathrm{mol/dm}^3$ の塩酸で中和するのに，$15.00\,\mathrm{cm}^3$ が必要であった．この水酸化カルシウムの濃度を求めよ．

【解答】 $0.0750\,\mathrm{mol/dm}^3$

《解説》 中和の反応式はつぎのように表される．

$$\mathrm{Ca(OH)_2 + 2HCl \longrightarrow CaCl_2 + 2H_2O}$$

したがって，求める濃度を $x\,\mathrm{mol/dm}^3$ とすると

$$2 \times x \times \frac{10.0}{1000} = 1 \times 0.100 \times \frac{15.0}{1000}$$

$$\therefore\quad x = 0.0750\,\mathrm{mol/dm}^3$$

中和滴定の実験方法

中和反応を用いて，濃度がわからない酸や塩基の濃度を求めることができる．この操作を **中和滴定** という．

以下に，中和滴定の方法を，順番に説明する．図6.5も参照しながら，中和滴定の方法を見ていこう．

(1) ホールピペットを用いて，濃度不明の酸(塩基)の水溶液を一定体積容器(コニカルビーカーなど)にとる．

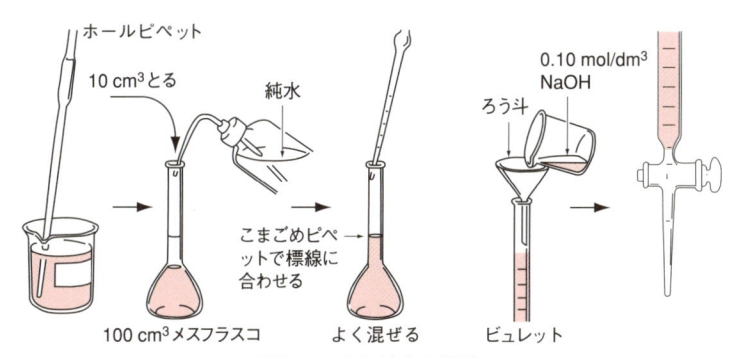

図 6.5 中和滴定の器具

食酢を10倍にうすめて，$0.10\,\mathrm{mol/dm}^3$ の水酸化ナトリウム水溶液で中和滴定する操作の一部を示している．ホールピペット，メスフラスコ，ビュレットの扱いを習得しよう．

(2) 適量の純水と中和(pH)指示薬を加える．
(3) ビュレットに入れられた濃度既知の塩基(酸)の水溶液(標準溶液)を少しずつ滴下して，中和反応が終了するまでに要した塩基(酸)の体積を求める．この体積から，濃度不明の水溶液の濃度を計算する(例題6.7を参照)．
(4) 中和が完了する点を**中和点**という．指示薬はその変色域が中和点と一致するように選ぶ．

pHの変化がわかる滴定曲線

中和滴定にともなう，水溶液のpHの変化を表した曲線を**滴定曲線**という．図6.6に，塩酸および酢酸水溶液を水酸化ナトリウム水溶液で中和滴定したときの滴定曲線が示されている．水酸化ナトリウム水溶液を加えても最初はほとんどpHは変化しないが，中和点付近になると急激に変化する．その後は限りなく水酸化ナトリウム水溶液のpHに近づく．

また，図6.6にフェノールフタレインとメチルオレンジの変色域が示されている．ここから，塩酸と水酸化ナトリウムの中和滴定ではいずれの指示薬を用いてもよいが，酢酸と水酸化ナトリウムの中和のときには，メチルオレンジでは変色域が中和点と一致せず，使用できないことがわかる．

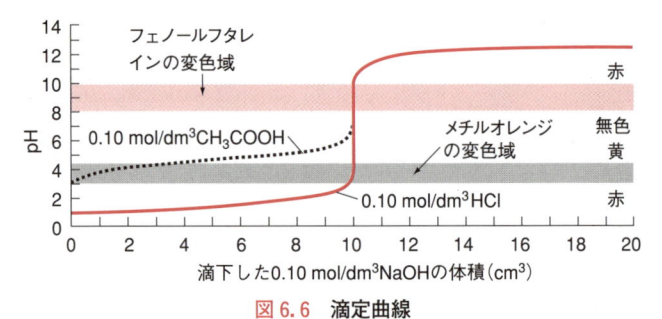

図6.6 滴定曲線

厳密には，指示薬の変色により滴定を終える点を終点といい，中和点と区別する．終点と中和点が限りなく一致するように指示薬を選ぶ．

酸塩基の定義の拡張

ともに気体である塩化水素HClとアンモニアNH_3が反応すると，固体の塩化アンモニウムNH_4Clの白煙が生じるが水は生じない．

$$HCl + NH_3 \longrightarrow NH_4Cl$$

この反応は，水がでてこない(すなわち，OH^-がでてこない)ので中和反応ではないのだろうか．これまで，HClを酸，NH_3を塩基と考えてきたことからすると，中和反応に含める方が都合がよさそうである(NH_4Clは塩酸とアンモニア水の中和反応によっても生じるから塩である)．

そこで1923年，ブレンステッドとローリーは酸と塩基をつぎのように定義し，その範囲を拡張した．この定義を，ブレンステッド・ローリーの酸・塩基の定義ということがある．

酸：H^+を与える分子やイオン

塩基：H^+を受け取る分子やイオン

ここで，つぎの反応を考えてみよう．

$$HCl + NH_3 \longrightarrow H^+ + Cl^- + NH_3 \longrightarrow NH_4^+ + Cl^- \longrightarrow NH_4Cl$$

ブレンステッド・ローリーの定義で考えると，HClは酸，NH_3は塩基となり，この反応も中和反応に含めることができるようになった．OH^-はでてこなくても中和反応なのである．

例題6.8 ブレンステッドとローリーの定義によると，つぎの反応式における酸と塩基はどれか．

(1) $H^+ + H_2O \longrightarrow H_3O^+$

(2) $NH_3 + H_2O \longrightarrow NH_4^+ + OH^-$

(3) $CO_3^{2-} + H_2O \longrightarrow HCO_3^- + OH^-$

【解答】 (1)酸：H^+，塩基：H_2O (2)酸：H_2O，塩基：NH_3
(3)酸：H_2O，塩基：CO_3^{2-}

《解説》 酸はH^+を与えるイオンや分子，塩基はH^+を受け取るイオンや分子である．(1)では，H^+自身が酸である．

共役酸・共役塩基

つぎの反応では，正反応については酸がHCl，H_2Oが塩基である．逆反応[*10]では，H_3O^+が酸，Cl^-が塩基である．

$$HCl + H_2O \rightleftharpoons H_3O^+ + Cl^-$$

このとき，Cl^-を酸HClの**共役塩基**，HClを塩基Cl^-の**共役酸**であるという．また，H_2Oは酸H_3O^+の共役塩基，H_3O^+は塩基H_2Oの共役酸であるという．

$$共役酸 \rightleftharpoons 共役塩基 + H^+$$

と考えてもよい．同様に，つぎの反応について考えてみよう．

$$NH_3 + H_2O \rightleftharpoons NH_4^+ + OH^-$$
$$NaOH + H^+ \rightleftharpoons Na^+ + H_2O$$

*10 可逆反応において，右向きの反応を正反応，左向きの反応を逆反応という．

上の反応では，NH_4^+ が塩基 NH_3 の共役酸，NH_3 が酸 NH_4^+ の共役塩基となっている．下の反応では，Na^+ が NaOH の共役酸，NaOH が Na^+ の共役塩基となっている．Na^+ について，$[Na(H_2O)]^+ \longrightarrow NaOH + H^+$ のように考えると，Na^+ が NaOH の共役酸であることがよくわかるだろう．

例題6.9 つぎの反応について，共役酸，共役塩基の関係を説明せよ．

$$H_2SO_4 + H_2O \rightleftarrows HSO_4^- + H_3O^+$$

【解答】
共役酸	共役塩基
H_2SO_4	HSO_4^-
H_3O^+	H_2O

《解説》 ブレンステッド・ローリーの定義によると，正反応では，H_2SO_4 が酸で H_2O が塩基である．逆反応では，HSO_4^- が塩基で H_3O^+ が酸である．よって，酸 H_2SO_4 の共役塩基は HSO_4^- であり，塩基 H_2O の共役酸が H_3O^+ である．

さらに拡張されたルイスの定義

1923年，ルイスはさらに酸・塩基の考えを拡張し，つぎのような定義を提唱した．

酸：電子対を受け取る分子やイオン
塩基：電子対を与える分子やイオン

コラム　酸性雨が降るしくみ

普通の雨のpHはおよそ5.6である．これは，大気中の二酸化炭素が，平衡状態になるまで雨に溶け込んだと考えて計算した結果である．つまり，二酸化炭素が雨水中でつぎのような電離平衡状態になっていることを想定している．

$$CO_2 + H_2O \rightleftarrows H_2CO_3 \rightleftarrows H^+ + HCO_3^-$$

大気中の二酸化炭素の濃度はおよそ360 ppm（ppmは百万分の一を表す単位）である．

これに対して，酸性雨というのは，自動車の排気ガス中に含まれる窒素酸化物（NO_x と表す．x は自然数）や，石油に含まれる硫黄分が工場などでの燃焼時に生成する硫黄酸化物（SO_x と表す）が雨水に溶けたものである．これらの酸化物は大気中でさらに酸化され，最終的には硝酸 HNO_3 や硫酸 H_2SO_4 になる．よって，これらの物質が溶け込んだ雨水は，より低い pH を示す．これが酸性雨の正体であり，厳密には pH 5.6 以下の雨を酸性雨という．

酸性雨が頻繁に降ると，その酸によって森林などが大きな被害を受け，さらに動物にも影響が及ぶ．このような被害を少なくする方法を考えるのも，将来の研究者や技術者の役割の一つである．

この定義によると，溶媒が水でない場合での中和反応も扱うことができる．そのため，有機化学反応でも酸・塩基の概念が幅広く適用できるようになった．

たとえば，NH_3 は非共有電子対をもっており，BF_3 は 1 対の電子対を受け入れることができる(配位結合の一種である)．

$$:NH_3 + BF_3 \longrightarrow H_3N:BF_3$$

この反応においては，$:NH_3$ が塩基，BF_3 が酸である．この定義によって，H^+ の授受に関係なく酸と塩基を定義できるようになった．

三つの定義のまとめ

ここまで，酸塩基の3種類の定義を見てきたが，これを中和反応にあてはめてみると，その概念がどのように拡張されてきたかがよくわかるだろう．

アレーニウス：H^+ が酸，OH^- が塩基．

$$H^+ + OH^- \longrightarrow H_2O$$

ブレンステッド・ローリー：H^+ を与えるのが酸，受け取るのが塩基．

$$H^+ + NH_3 \longrightarrow NH_4^+$$

ルイス：電子対を受け取るのが酸，与えるのが塩基．

$$:NH_3 + BF_3 \longrightarrow H_3N:BF_3$$

章末問題

1 つぎの酸または塩基の価数を答えよ．
硫酸 H_2SO_4，水酸化カルシウム $Ca(OH)_2$，硝酸 HNO_3，酢酸 CH_3COOH，水酸化カリウム KOH，水酸化バリウム $Ba(OH)_2$

2 つぎの各反応で，酸として働いている物質と塩基として働いている物質を，それぞれ答えよ．
(1) $HCl + H_2O \longrightarrow Cl^- + H_3O^+$
(2) $CO_3^{2-} + H_2O \longrightarrow HCO_3^- + OH^-$
(3) $NH_3 + H_2O \longrightarrow NH_4^+ + OH^-$
(4) $CH_3COO^- + H_2O \longrightarrow CH_3COOH + OH^-$

3 表6.3のリン酸の pK_a の値より，$0.10\,\mathrm{mol/dm^3}$ 水溶液の各段階におけ

る電離度 α を近似的に計算せよ.

4) 表6.3を用いて，25℃における0.020 mol/dm^3 アンモニア水溶液の電離度と[OH$^-$]を求めよ.

5) 0.050 mol/dm^3 硫酸の電離度は1である．この硫酸水溶液の[OH$^-$]はいくらか.

6) [OH$^-$] = 0.010 mol/dm^3 である水溶液の pH はいくらか.

7) 0.10 mol/dm^3 の塩酸80 cm^3 を中和するのに，0.20 mol/dm^3 の水酸化バリウムは何 cm^3 必要か.

7章
酸化と還元

「酸化と還元」という概念はたいへん有用であり，電池や電気分解というかたちで，われわれの生活に大きくかかわっている．もともとは，ある元素が酸素と化合し酸化物ができることを酸化，その酸化物から酸素を取り除いて元の元素に戻すことを還元といった．

今日では，この定義は拡張されて，さまざまな反応を酸化と還元という視点から理解することができるようになり，反応の分類において大きな領域を占めている．

丹精込めてつくった清酒が知らぬ間に空気中の酸素と化合して食酢になってしまうことも酸化であり，葉緑素中で水と二酸化炭素からデンプンがつくられることも還元である．

光合成も還元反応

7.1 酸化と還元を定義する

酸素と水素の授受による定義

銅 Cu を空気中で加熱して高温にすると，酸素 O_2 と反応して黒色の酸化銅(II) CuO を生じる．このように，ある物質が酸素 O と化合したとき，その物質は**酸化**されたという．

また，この CuO を炭素 C の粉末といっしょに加熱すると，もとの Cu に戻る．このように，酸素 O をなくしたとき，その物質は**還元**されたという．

$2Cu + O_2 \longrightarrow CuO$　　　　Cu は酸化された
$2CuO + C \longrightarrow 2Cu + CO_2$　　CuO は還元された

一方，つぎの反応のように，水素 H をなくしたときその物質は酸化されたといい，水素 H を得たとき還元されたという．

$2CH_3\text{-}CH_2\text{-}OH + O_2 \longrightarrow 2CH_3\text{-}CHO + 2H_2O$
　　　　　　　　　　　　　　　　　CH_3CH_2OH は酸化された

$$CH_2=CH_2 + H_2 \longrightarrow CH_3\text{-}CH_3 \qquad CH_2=CH_2 \text{ は還元された}$$

電子の授受による定義

酸素 O と水素 H の授受で酸化や還元を定義すると，O や H が関与しない反応は，酸化還元反応として扱えない．そこで，すべての原子がもっている電子 e^- を用いて，酸化と還元を定義することができないかと考えだされたのが，電子の授受による定義である．以下，どういう定義なのかを学んでいこう．

$2Cu + O_2 \longrightarrow CuO$ の反応で Cu は酸化された．このとき Cu は

$$2Cu \longrightarrow 2Cu^{2+} + 4e^-$$

のように変化しており，電子 e^- をなくしている．一方，高温の銅を塩素中に入れると

$$Cu + Cl_2 \longrightarrow CuCl_2$$

のように反応して塩化銅(Ⅱ)が生じる．このとき Cu は

$$Cu \longrightarrow Cu^{2+} + 2e^-$$

のように変化している．電子 e^- をなくしている点ではどちらも同じである．

そこで，「原子が電子 e^- をなくすこと」を酸化と定義すると，酸素や水素との反応だけでなく，上記のような酸素や水素が関与しないような反応にも適応でき，より広い範囲で酸化反応を定義することができる．

つぎに，上記の反応での酸素原子 O や塩素原子 Cl の変化を見てみよう．

$$O_2 + 4e^- \longrightarrow 2O^{2-}$$
$$Cl_2 + 2e^- \longrightarrow 2Cl^-$$

O_2 も Cl_2 も電子 e^- を得ている．よって，「原子が電子 e^- を得ること」を還元と定義すると，より広い範囲の反応に適用することができる．

このとき，酸化された原子がなくす電子 e^- の総数と還元された原子が得る電子 e^- の総数は等しい．このように，電子は過不足なく授受されていて，「電子をなくす酸化」と「電子を得る還元」とは必ず同時に生じるので，まとめて酸化還元反応という．

例題7.1 つぎの酸化還元反応において，酸化された物質，還元された物質の電子の授受を，電子 e^- を含むイオン反応式で示せ．また，反応式上でいくつの電子 e^- が授受されたかも答えよ．

$$Fe_2O_3 + 2Al \longrightarrow Al_2O_3 + 2Fe$$

【解答】 酸化された物質：Al　　Al $\longrightarrow$ Al^{3+} + 3e$^-$

還元された物質：Fe^{3+}　　Fe^{3+} + 3e$^-$ $\longrightarrow$ Fe

授受された電子　6個

《解説》 Al$_2$O$_3$ は，Al^{3+} と O^{2-} から構成されるイオン化合物である．よって，左辺の Al は酸化されて電子を失い Al^{3+} に変化した．一方，Fe$_2$O$_3$ は Fe^{3+} と O^{2-} からなるイオン化合物である．よって，Fe$_2$O$_3$ 中の Fe^{3+} は電子を得て還元され，右辺の Fe に変化した．

酸化数による定義

金属やそのイオンが反応するときは電子 e$^-$ の授受をともなうことが多いが，つぎのような酸化還元反応では明確な電子 e$^-$ の授受は認められない．

$$C + O_2 \longrightarrow CO_2$$

このような場合にも統一的に酸化還元反応として扱うためには，新たな定義が必要になる．

そこで，化合物やイオン中の各原子についてつぎのように**酸化数**を定義し，酸化還元反応の前後において酸化数がどのように増減したかで，酸化された原子と還元された原子を定義する[*1]．

*1 酸化還元の定義は，拡張されるごとにその扱う反応の範囲が広くなったことに注意したい．

① 単体中の原子の酸化数は 0 とする．

② 単原子イオンの酸化数はイオンの価数に等しい．

　　例：Na$^+$ → +1，O^{2-} → -2

③ 化合物中の水素原子の酸化数は +1，酸素原子の酸化数は -2 とし，化合物を構成する全原子の酸化数の和は 0 とする．

　　例：NH$_3$　N の酸化数を x とすると　　$x \times 1 + (+1) \times 3 = 0$

　　　　　　　　　　　　　　　　　　　∴　$x = -3$

　　　　N$_2$O$_4$　N 酸化数を x とすると　　$x \times 2 + (-2) \times 4 = 0$

　　　　　　　　　　　　　　　　　　　∴　$x = +4$

このように，水素 H，酸素 O 以外の原子は，含まれる化合物によって酸化数は異なる．また，③の条件には，いくつか例外がある．たとえば，過酸化水素 H$_2$O$_2$ では，H の酸化数は +1，O の酸化数は「-1」となっている．

以上のような定義の背景には，共有結合における電子の偏り，すなわち結合の極性の考え方がある．共有結合において，より電気陰性度の大きい原子の方に共有電子対が偏るから，その偏りを極端に解釈してイオン結合

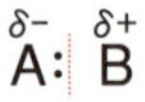

$\overset{\delta-}{A} : \overset{\delta+}{|B}$

図7.1 電荷の偏り

的に考えるのである．電気的に中性な原子から見て，たとえば1対の共有電子対を完全に引きつけた原子は電子を1個多くもつから酸化数は−1となる（図7.1）．

多原子イオンにおける，各原子の酸化数はどうなるのだろうか．多原子イオンの場合，各原子の酸化数の和はそのイオンの価数に等しくなる．下の例で確認してみよう．

SO_4^{2-}：Sの酸化数をxとすると $\quad x \times 1 + (-2) \times 4 = -2$
$\quad\quad\quad\quad\quad\quad\quad\quad\quad\quad\quad\quad\quad \therefore \ x = +6$

SO_3^{2-}：Sの酸化数をxとすると $\quad x \times 1 + (-2) \times 3 = -2$
$\quad\quad\quad\quad\quad\quad\quad\quad\quad\quad\quad\quad\quad \therefore \ x = +4$

さて，つぎの反応を例に，酸化数の増減から酸化還元を考えてみよう．

$$2H_2 + O_2 \longrightarrow 2H_2O$$

各原子の酸化数の増減はどうなっているだろうか．

H：0 → +1 だから，4個の水素原子全体では酸化数が4増加している．
O：0 → −2 だから，2個の酸素原子全体では酸化数が4減少している．

このように，酸化されると酸化数が増加し，還元されると減少する．しかも，全体的に見れば，酸化数の増減の和は0である．したがって，酸化数は還元される原子と酸化される原子の間で授受されたと見なせる．

例題7.2 つぎの物質中の下線をつけた原子の酸化数を求めよ．
(1) $H_2\underline{C}_2O_4$ (2) $\underline{N}H_4\underline{N}O_3$ (3) $K\underline{Mn}O_4$

【解答】 (1) +3 (2) NH_4^+ の N → −3，NO_3^- の N → +5 (3) +7

《解説》 (1) 求める酸化数をxとおくと

$$(+1) \times 2 + x \times 2 + (-2) \times 4 = 0 \quad \therefore \ x = +3$$

(2) NH_4^+ の N の酸化数をxとおくと，NH_4^+ の酸化数は +1 だから

$$x \times 1 + (-1) \times 4 = +1 \quad \therefore \ x = -3$$

NO_3^- の N の酸化数をyとおくと，NO_3^- の酸化数は −1 だから

$$y \times 1 + (-2) \times 3 = -1 \quad \therefore \ y = +5$$

(3) 求める酸化数をxとおく．$KMnO_4$ は，K^+ と MnO_4^- によるイオン化合物だから

$$x \times 1 + (-2) \times 4 = -1 \quad \therefore \quad x = +7$$

例題7.3 つぎの反応を酸化数の増減で説明せよ．
(1) $Cu + Cl_2 \longrightarrow CuCl_2$
(2) $2Cu + O_2 \longrightarrow 2CuO$

【解答】 (1) $CuCl_2$ は，Cu^{2+} と Cl^- のイオン化合物だから，それぞれの原子について，つぎのようなイオン反応式が書ける．

$$Cu : Cu \longrightarrow Cu^{2+} + 2e^-$$
$$Cl : Cl_2 + 2e^- \longrightarrow 2Cl^-$$

よって，Cu は酸化数が $0 \to +2$ になっており，酸化された．Cl は酸化数が $0 \to -1$ になっており，還元された．

(2) CuO は，Cu^{2+} と O^{2-} のイオン化合物だから，イオン反応式はつぎのようになる．

$$Cu : Cu \longrightarrow Cu^{2+} + 2e^-$$
$$O : O_2 + 4e^- \longrightarrow 2O^{2-}$$

したがって，Cu は酸化数が $0 \to +2$ になり酸化され，O は酸化数が $0 \to -2$ になり還元された．

《解説》 各原子の酸化数の変化に着目して，その原子が酸化されたか還元されたかを判断する．

酸化された原子の酸化数の増加分と還元された原子の酸化数の減少分の総計が等しいことを確認しておくと，つぎのようになる．
(1) $Cu : (+2) \times 1 = +2 \quad Cl : (-1) \times 2 = -2$
(2) $Cu : (+2) \times 2 = +4 \quad O : (-2) \times 2 = -4$

酸化還元の定義のまとめ

ここまでの酸化還元の定義をまとめると，つぎのようになる．

```
              -O              +O
              +H              -H
  還元された ←── 物質（原子）──→ 酸化された
              +e⁻             -e⁻
              －酸化数         ＋酸化数
```

酸塩基の定義が，H^+ や OH^- という具体的な物質から，電子対の授受に拡張していったことと似ていることがわかるだろう．

7.2 代表的な酸化剤と還元剤

酸化剤と還元剤の定義

ある物質を酸化したいときや還元したいときに用いる物質があり，それぞれ**酸化剤**，**還元剤**という．相手の物質を酸化する能力が高い物質が酸化剤，相手の物質を還元する能力が高い物質が還元剤として利用できる．表7.1におもな酸化剤，還元剤を示す．酸化剤，還元剤は，それぞれ還元されやすい物質，酸化されやすい物質ということもいえる．

表7.1 おもな酸化剤と還元剤

	酸化剤・還元剤	反応式
酸化剤	オゾン O_3 過酸化水素 H_2O_2 過マンガン酸カリウム $KMnO_4$ 二クロム酸カリウム $K_2Cr_2O_7$ 塩素 Cl_2 二酸化硫黄 SO_2	$O_3 + 2H^+ + 2e^- \longrightarrow O_2 + H_2O$ $H_2O_2 + 2H^+ + 2e^- \longrightarrow 2H_2O$ $MnO_4^- + 8H^+ + 5e^- \longrightarrow Mn^{2+} + 4H_2O$ $Cr_2O_7^{2-} + 14H^+ + 6e^- \longrightarrow 2Cr^{3+} + 7H_2O$ $Cl_2 + 2e^- \longrightarrow 2Cl^-$ $SO_2 + 4H^+ + 4e^- \longrightarrow S + 2H_2O$
還元剤	ナトリウム Na 過酸化水素 H_2O_2 硫酸鉄(II) $FeSO_4$ 硫化水素 H_2S 二酸化硫黄 SO_2	$Na \longrightarrow Na^+ + e^-$ $H_2O_2 \longrightarrow O_2 + 2H^+ + 2e^-$ $Fe^{2+} \longrightarrow Fe^{3+} + e^-$ $H_2S \longrightarrow S + 2H^+ + 2e^-$ $SO_2 + 2H_2O \longrightarrow SO_4^{2-} + 4H^+ + 2e^-$

酸化還元反応のつくり方

ここでは，代表的な酸化剤である過マンガン酸カリウムと，還元剤であるヨウ化物イオンとの反応を例に，酸化還元反応のつくりかたを学ぼう．

過マンガン酸カリウムは黒紫色の結晶で，水溶液中で電離し，赤紫色の過マンガン酸イオン MnO_4^- を生じる．酸化剤としてはつぎのように働く．

$$MnO_4^- + 8H^+ + 5e^- \longrightarrow Mn^{2+} + 4H_2O$$

このとき，Mn原子の酸化数は，+7から+2に減少しており，Mn自身は還元されている．このように，自分自身が還元されることによって相手を酸化するのが酸化剤である．

還元剤のヨウ化物イオン I^- の反応はつぎのようになる．

$$2I^- \longrightarrow I_2 + 2e^-$$

過マンガン酸イオンとヨウ化物イオンが過不足なく電子を授受するように，過マンガン酸イオンの式を2倍，ヨウ化物イオンの式を5倍して加える．

> **one rank up!**
> **$KMnO_4$ が働く条件**
> 過マンガン酸カリウムが酸化剤として働くには，水溶液は強い酸性状態にあることが必要である．中性や塩基性では，H^+ が不足するため生成物が MnO_2 になってしまう．

$$2MnO_4^- + 16H^+ + 10e^- \longrightarrow 2Mn^{2+} + 8H_2O$$
$$\underline{+)\ 10I^- \qquad\qquad\qquad \longrightarrow 5I_2 + 10e^-}$$
$$2MnO_4^- + 16H^+ + 10I^- \longrightarrow 2Mn^{2+} + 5I_2 + 8H_2O$$

このようにして，酸化還元反応式をつくることができる．

例題7.4 表7.1を参考に，二クロム酸イオン $Cr_2O_7^{2-}$ とヨウ化物イオン I^- との反応式を示せ．

【解答】 $Cr_2O_7^{2-} + 6I^- + 14H^+ \longrightarrow 2Cr^{3+} + 3I_2 + 7H_2O$

《解説》 表7.1より，二クロム酸イオンとヨウ素の反応式はつぎの通り．

$$Cr_2O_7^{2-} + 14H^+ + 6e^- \longrightarrow 2Cr^{3+} + 7H_2O$$
$$2I^- \longrightarrow I_2 + 2e^-$$

電子の授受が等しくなるように，下の式を3倍して，上の式と加えると

$$Cr_2O_7^{2-} + 6I^- + 14H^+ \longrightarrow 2Cr^{3+} + 3I_2 + 7H_2O$$

7.3 金属のイオン化傾向と電池の基礎

陽イオンへのなりやすさを示すイオン化列

　金属は陽性元素であり，水溶液中で陽イオンになることが多い．しかし，陽イオンへのなりやすさはそれぞれの金属によって異なる．たとえば，亜鉛板を硫酸銅(Ⅱ)水溶液に浸すと，亜鉛板の表面に銅が析出し，亜鉛が亜鉛(Ⅱ)イオンとして溶けだしていく．これは，つぎの反応が生じていることを示している．

$$Cu^{2+} + 2e^- \longrightarrow Cu$$
$$Zn \longrightarrow Zn^{2+} + 2e^-$$

二つの式をまとめると

$$Cu^{2+} + Zn \longrightarrow Cu + Zn^{2+} \text{（水溶液中）}$$

となる．すなわち，CuよりZnの方がイオンになりやすいことがわかる．このイオンへのなりやすさをイオン化傾向という．

　イオン化傾向の大きさを，おもな金属について大きい順にならべたものをイオン化列という．

イオン化列

K, Ca, Na, Mg, Al, Zn, Fe, Ni, Sn, Pb, (H_2), Cu, Hg, Ag, Pt, Au
貸 そう か な, ま あ, あ て に す な ひ ど す ぎる 借 金

このような語呂合わせで覚えるとよいだろう.「ひ」は H_2：hydrogen のことである. 水素 H_2 は金属ではないが, 陽イオン H^+ を生じるので, イオン化列に含めると便利である. たとえば, H_2 よりイオン化傾向の大きい金属 M は[*2]

$$M + 2H^+ \longrightarrow M^{2+} + H_2$$

のように反応するから, 金属 M は酸(H^+)の水溶液に溶けて水素 H_2 を発生することがわかる. この反応では, M が酸化されて H^+ が還元されている. 逆に, イオン化傾向が水素より小さい金属は, 酸と反応して水素を発生することはない.

*2 Mは便宜上2価の陽イオンになるとしている.

定量的に電位差を表す標準電極電位

イオン化傾向の定性的な大小関係は実験的に決めることができるが, より定量的な決め方はないのだろうか.

図7.2のように, 白金 Pt を電極材とする水素電極を定義し, これに対して種々の金属と電解液とで構成された電極を接続して, その電位差を測定する(図7.3). このようにして, 水素電極を基準(すなわち 0 とする)にした各電極(試験電極という)の電位を得ることができる. この電位を, 標準電極電位 E_0 という[*3] (表7.2).

また, 図7.3のように二つの電極が接続されたときは, 全体として電池となる. これに対して, 水素電極や試験電極のように, 一つの電極からできている電極を単極または半電池という. 電池や電気分解では単極が二つ

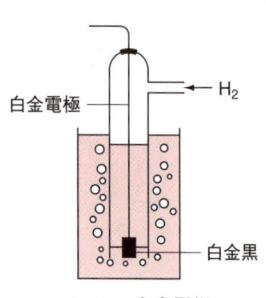

図7.2 水素電極
[H^+]の質量モル濃度(活量)は 1 mol/kg である.

*3 標準電極電位は, 金属単体だけでなく化合物についても測定されている.

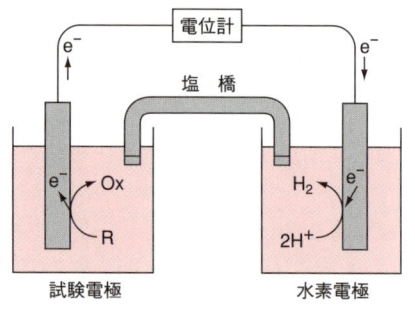

図7.3 電極電位の測定
塩橋とは, ゼラチンに KCl や KNO_3 を溶かしたものを詰めたパイプ状のもので, 電気伝導性をもつ. 両電極の電解液が混ざらないようにするために用いる. R は還元剤, Ox は酸化生成物を表す.

表 7.2 おもな電極の標準電極電位 E_0

電極の反応	標準電極電位	電極の反応	標準電極電位
$K^+ + e^- \longrightarrow K$	-2.93	$Cu^{2+} + 2e^- \longrightarrow Cu$	0.34
$Mg^{2+} + 2e^- \longrightarrow Mg$	-2.66	$2H_2O + O_2 + 4e^- \longrightarrow 4OH^-$	0.40
$Al^{3+} + 3e^- \longrightarrow Al$	-1.68	$I_2 + 2e^- \longrightarrow 2I^-$	0.54
$Zn^{2+} + 2e^- \longrightarrow Zn$	-0.76	$Ag^+ + e^- \longrightarrow Ag$	0.80
$S + 2e^- \longrightarrow S^{2-}$	-0.45	$Br_2 + 2e^- \longrightarrow 2Br^-$	1.07
$Fe^{2+} + 2e^- \longrightarrow Fe$	-0.44	$Pt^{2+} + 2e^- \longrightarrow Pt$	1.19
$Ni^{2+} + 2e^- \longrightarrow Ni$	-0.26	$4H^+ + O_2 + 4e^- \longrightarrow 2H_2O$	1.23
$Sn^{2+} + 2e^- \longrightarrow Sn$	-0.14	$Cl_2 + 2e^- \longrightarrow 2Cl^-$	1.36
$Pb^{2+} + 2e^- \longrightarrow Pb$	-0.13	$Au^+ + e^- \longrightarrow Au$	1.68
$2H^+ + 2e^- \longrightarrow H_2$	0		

存在するということもできるだろう．

水素電極では，標準状態の水素 H_2 が，濃度 1 mol/kg の水溶液中に継続的に供給されている*4．一方，試験電極の方も標準状態で電解液が 1 mol/kg となるように設定する．しかも，電位差測定に際しては，電流を可能な限り小さくして，両電極での反応を平衡（可逆反応）状態になるべく近くなるようにする*5．そうすることによって，それぞれの単極の電位の差が測定できる．

標準電極電位 E_0 が負であることは，水素電極より電位が低いことを意味するが，具体的にはその電極で酸化反応が生じ，水素電極と比較して電子 e^- が導線を通じて外部に供給されやすいことを示している．負電荷である電子 e^- が多く溜まっているから電位が低いと考えてもよい．このとき水素電極では，電子 e^- を受け取り還元反応が生じている．

$$2H^+ + 2e^- \longrightarrow H_2$$

E_0 は水素電極に向けて電子を送り込むときのポテンシャルを示しており，eE_0 は，このとき電子 1 個に与えられるエネルギーに等しい（e は電気素量）．

一方，E_0 が正のときは，水素電極からその電極へ向けて電子 e^- が送り込まれる．このとき，水素電極では酸化反応（$H_2 \longrightarrow 2H^+ + 2e^-$）が生じている．

また，任意の二つの電極をつないだときの電位差 E_{012} は，それぞれの標準電極電位を E_{01}, E_{02} とすると

$$E_{012} = |E_{01} - E_{02}|$$

で表され，E_0 の小さい方から大きい方へ電子 e^- が流れる．

このように，水素電極を基準にして酸化・還元反応の生じやすさを定量

*4 $H_2 \rightleftarrows 2H^+ + 2e^-$
H^+ は厳密には活量 1 mol/kg となっている．

*5 このような状態は，実際の電池の使用条件とは異なるので注意してほしい．電池の電圧は不可逆な条件での測定値である．

的に測定することができる．E_0が大きい（正負も含めて）ほどイオン化傾向は小さく，イオン化列のより右側にある．おもな電極の標準電極電位を，表7.2に示した．

電池の原理

電池は，酸化還元反応を利用して電子の流れをつくりだし，それによって化学反応のエネルギーを電気エネルギーに変換する装置である（図7.4）．酸化反応と還元反応とを別々の場所で起こすことにより，電子の流れが得られる．

一般には，イオン化傾向の異なる2種類の金属板を電解質溶液に浸すことで電池となる．この金属板を電極という．すでに見た標準電極電位の測定における水素電極と試験電極の組合せも一種の電池である．

イオン化傾向の大きい方の電極（**アノード**）では，金属が酸化されて水溶液中に陽イオンとして溶けだすとともに，電子は導線を通じてもう一方のイオン化傾向の小さい金属でできた電極へ流れだす．一方，イオン化傾向の小さい方の電極（**カソード**）では，流れ込んだ電子によって水溶液中の陽イオン（厳密には陽イオンでなくてもよい）が還元される．電子の流れと電

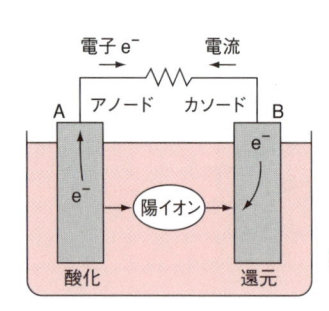

図7.4 電池の原理 Aのアノード（負極）では酸化反応が，Bのカソード（正極）では還元反応が起こり，電子がアノードからカソードへ流れる．

コラム　電極の名前のつけ方

図のように，NaOH水溶液と白金電極を用いて電気分解するとき，電極A，Bでの反応はつぎのようになる．

電極A：$2OH^- \longrightarrow O_2 + 2H^+ + 4e^-$
電極B：$2H_2O + 2e^- \longrightarrow H_2 + 2OH^-$

高校の化学では，電池の正極（カソード）とつながったAを陽極，電池の負極（アノード）とつながったBを陰極という．

しかし，アノード，カソードの定義を用いると，Aをアノード，Bをカソードと呼ぶことができ，電池と異なる名称（陽極，陰極）を用いる必要がなくなる．

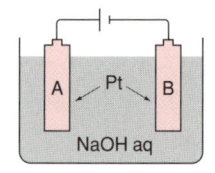

大学の化学では，こちらの呼び方が一般的であり，広く使われている．

流の流れは逆向きであるから，イオン化傾向の大きい金属の電極が－極，イオン化傾向の小さい金属の電極が＋極となる．

電極の名称に関しては，つぎのように考えると便利である．電解液や電極材自身が酸化され電子e^-を外部へ送りだすとき，その極をアノード(anode)，逆に電子e^-を外部から取り込んで電解液を還元するとき，カソード(cathode)という．

また，両電極間で生じる電位の差を**起電力**といい，標準状態の電極であれば標準電極電位の差が起電力になる[*6]．

☞ one rank up !
アノードとカソード
電池の場合は，＋極がカソード，－極がアノードである．電気分解における陽極・陰極との区別をせずに使用することができる．コラム「電極の名前のつけ方」を参照．

[*6] 多くの場合，厳密に標準状態でなくても，標準電極電位から導かれる起電力にほぼ等しい．

いまは使われないダニエル電池

具体的な電池の一つとして，電池の原理を利用した典型的な電池である**ダニエル電池**について説明する．この電池は，1836年，イギリスのダニエルによって考案された．アノード(－極)に亜鉛板，カソード(＋極)に銅板，そしてそれぞれの硫酸塩水溶液を用いた電池である(図7.5)．ダニエル電池のアノード・カソードでの反応はつぎのとおりである．

アノード(－極)　　$Zn \longrightarrow Zn^{2+} + 2e^-$

カソード(＋極)　　$Cu^{2+} + 2e^- \longrightarrow Cu$

アノードでは酸化反応，カソードでは還元反応が生じる．また，この二つをまとめて，つぎのようなかたちで表すこともあり，これを**電池式**という．

$(-)Zn|ZnSO_4\ aq|CuSO_4\ aq|Cu(+)$

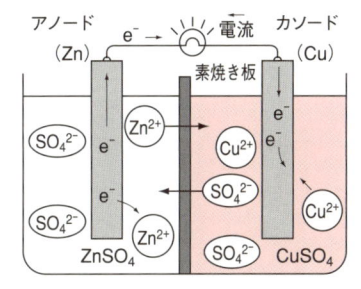

図7.5　ダニエル電池　素焼き板によって，両極の電解液が混ざらないようになっている(塩橋と同じ働きである)．起電力は約1.1 V．

例題7.5　標準電極電位(表7.2)の値から，ダニエル電池の起電力を計算せよ．

【解答】　1.100 V

《解説》　CuとZnの標準電極電位の差が起電力に対応する．

$0.34 - (-0.76) = 1.10$ V

厳密には，電解液中の Cu^{2+} や Zn^{2+} の濃度(活量)が $1\,\mathrm{mol/kg}$ であること，$25\,°C$ であることなどの条件が必要なので，必ずしも値は一致しないことがある．

章末問題

1 つぎの反応において，硫黄原子 S の酸化数はどのように変化したか．また，酸化された物質，還元された物質を示せ．

$$2H_2S + SO_2 \longrightarrow 3S + 2H_2O$$

2 つぎの反応において酸化数の増減を示し，酸化された物質，還元された物質を答えよ．

(1) $2CH_3\text{-}CH_2\text{-}OH + O_2 \longrightarrow 2CH_3\text{-}CHO + 2H_2O$
(2) $CH_2\text{=}CH_2 + H_2 \longrightarrow CH_3\text{-}CH_3$
(3) $CH_3\text{-}COOH + H_2 \longrightarrow CH_3\text{-}CHO + H_2O$

《ヒント》 C-C 結合や C=C 結合のように，同じ原子が共有結合している場合，その原子間では電子の偏りがないから酸化数の授受はないと考える．よって，その C-C 結合や C=C 結合を境とする左右の基(原子団)は，いずれも電気的に中性と考えられるので，いずれの基でも構成する原子の酸化数の和は 0 とする．

3 希硫酸で酸性にした $0.10\,\mathrm{mol/dm^3}$ 二クロム酸カリウム $K_2Cr_2O_7$ 水溶液 $10\,\mathrm{cm^3}$ と，$0.30\,\mathrm{mol/dm^3}$ 過酸化水素 H_2O_2 水を酸化還元反応させる．必要な過酸化水素水の体積は何 $\mathrm{cm^3}$ か．

4 表7.1を参考に，二酸化硫黄と濃硝酸の酸化還元反応式を示せ．

5 表7.2の値から，つぎの電池式で示される電池の起電力を計算せよ．

$$Mg\,|\,MgSO_4\,|\,CuSO_4\,|\,Cu$$

8章
熱力学の法則

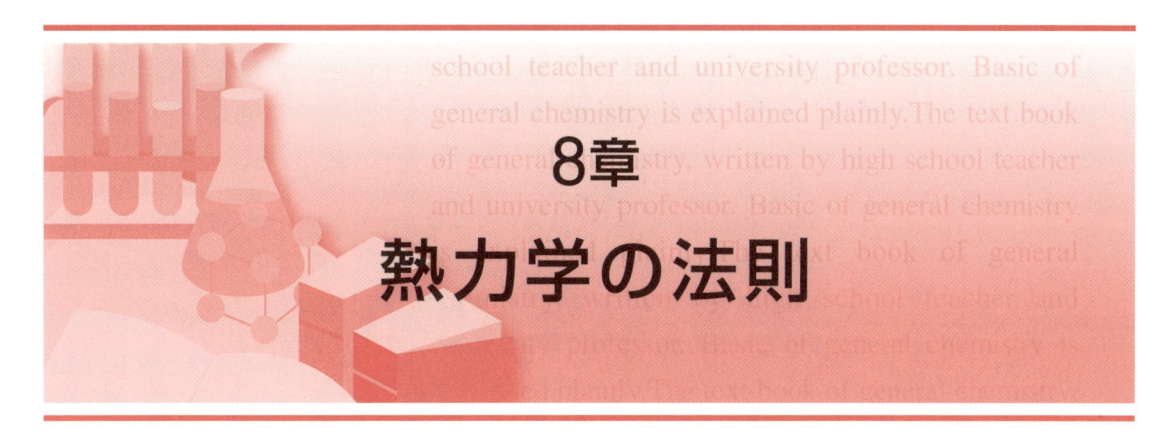

　物質がある状態から別の状態に移るとき，あるいは化学反応をするときに，エネルギーの変化に注目して現象をとらえることは重要である．物質のもっている状態をエネルギーの大きさで表し，状態の変化とともにどのようにエネルギー状態が変わるかをとらえると，物質の変化の方向も予測できることになる．このように，エネルギー状態あるいはエネルギー変化に注目して現象をとらえる学問が熱力学である．

　熱力学で用いる用語には「エネルギー」や「平衡」など，日常生活でも普通に使われているような言葉もある．しかし，多くの場合，熱力学ではそれぞれの用語には厳密な定義が与えられている．日常的に用いる言葉と同じイメージで理解すると誤解することになるので注意が必要である．そういったことに注意しながら，熱力学を学んでいこう．

8.1 熱力学から何がわかるか

「系」が熱力学の基本概念

　熱力学では，対象とする物質が変化する領域を「系」という．そして，エネルギーおよび物質のやりとりを可能とする場合と不可能とする場合により，系(system)を明確に分類している．図8.1のように，宇宙全体を外枠とすれば，そのなかに系(閉鎖系または開放系)が存在し，系の境界から外側は周辺系と呼ぶ．

　系は一般に三つに分類される．

① **孤立系**：周辺系とエネルギーおよび物質のやりとりがない系．いわば相互作用がなく，系内部に対して周辺系が影響を及ぼさない系である．
② **開放系**：周辺系とエネルギーおよび物質のやりとりが可能な系．化学反応に伴う物質(反応物，生成物)やエネルギーの移動が周辺系と

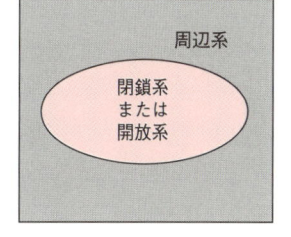

図 8.1 系の概念

の境界を通して行われる．

③**閉鎖系**：周辺系と物質のやりとりは不可能であるが，エネルギーの移動は許される系．閉鎖系の内部では質量の合計は一定になるが，体積変化その他によるエネルギー変化は起こる．

これらの系は実際に存在するのではなく，エネルギーや物質の移動を考える際，あるいはエネルギーの原点を明確にする際に用いる便宜上の概念である．熱力学では，対象とする現象が，上記の三つの系のうちどの系で起こっているのか，つねに明確に意識しておく必要がある．

系の状態を表す2種類の変数

系の状態を表現するのに用いる変数にはつぎの2種類がある．

①**示強性変数**：物質の量に依存しない変数で，圧力，温度および濃度が代表例である．
②**示量性変数**：物質の量に依存する変数で体積，質量がその例である．

たとえば，二つのビーカーに30℃および50℃の水がそれぞれ同じ体積100 cm^3 ずつ入っていると仮定しよう．この二つのビーカーの水を混合すると，体積は200 cm^3 になるが，温度は40℃になる[*1]．体積は示量性で加成性をもつが，温度は加成性をもたないので混合後は80℃にはならない．これは，温度が物質の量に依存しない示強性変数であることを示している．

*1 熱の放散は無視している．

> **one rank up！**
> **加成性**
> 化合物，混合物あるいは状態の性質を表す量の値が，それらを構成する成分についての量の値の和になるとき，加成性があるという．理想混合気体に関する「ドルトンの分圧の法則」も加成性を示す例である．

見かけは同じ平衡状態と定常状態

系の状態が「時間とともに変わらない」場合があるが，これは系の種類によって二つに分類される．孤立系，すなわち物質もエネルギーも周辺系とのやりとりが許されない系において，時間とともに変わらない状態を平衡状態という．一方，開放形や閉鎖系において，時間とともに変わらない状態が存在するときは**定常状態**と呼ぶ．

具体的なかたちで，定常状態と平衡状態の違いを見てみよう．図8.2のように，水の入ったビーカーに砂糖を少しずつ入れると，砂糖が溶けきれなくなって析出する．このような飽和状態は，熱力学的に平衡状態である例の一つである．ここから，平衡状態として必要十分な条件をつぎの三つにまとめることができる(カッコ内は砂糖溶液の場合の説明である)．

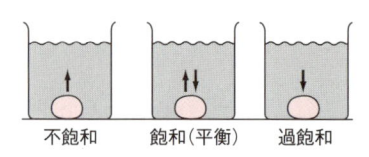

図8.2 砂糖の溶解における平衡状態
不飽和　飽和(平衡)　過飽和

① 時間とともに変化がない(砂糖の溶ける量と析出する量が同じである).
② どちらの方向にも変化する(ビーカー内の水の温度をあげると溶解量が増え，逆に下げると析出量が増える．あるいは水の量を変えると，どちらの方向にも変化する).
③ 平衡状態からどちらかにずれているとき，そのずれを引き起こしている要因を除くと，再び平衡状態となる(水の温度が高いとき，再び下げると溶解量が減り，もとの平衡状態に戻すことができる).

　定常状態は，①の条件については同じであるが，②と③の条件を満たす必要はない．たとえば，図8.3のように，底に穴の開いた容器に上から水を注ぐとき，穴からでる水量と上から注ぐ水量が一定になると，容器内の水の量は時間とともに変化しない．しかし，この場合，②の条件を満たしていないので，平衡状態ではなく定常状態と呼ばれる．

　熱の伝導の場合でも，熱が高い温度から低い温度へ一方向に伝わることを考えると，ある場所において時間的に変化しない一定温度になっても，熱の伝わる方向は変わらないので，これは平衡状態ではなく定常状態である．また，定常状態と異なり，平衡状態はあくまで孤立系の場合に限定される．

図8.3 定常状態の例

　系が平衡状態にあるとき，その性質を記述するのが**状態関数**である．状態関数は平衡に至るまでの経過は問題にしない．すなわち，状態変化のはじまりの状態(始状態)と終わりの状態(終状態)で決まる関数である．この状態関数を表現する変数に，先に説明した示強性変数と示量性変数がある．

　状態関数を身近な例を用いて説明してみよう．買い物をするため，ある額のお金をもって家をでて，再び家に戻ってきたとする．使ったお金の額を計算したいときには，家をでたとき(始状態)と戻ったとき(終状態)にもっていた金額さえわかればよい．途中の経路で買い物に使った個々の金額には関係がないのである．次ページの one rank up!「状態関数」も参照.

8.2 熱力学第一法則から導かれる新しい概念

熱力学第一法則の導入

　図8.1に示す閉鎖系を考える．すなわち，周辺系とは境界を通して「物質のやりとりはないが，エネルギーのやりとりは可能である」状態である．図8.1の外枠は孤立系の境界(われわれが住む宇宙と考えてよい)であり，この内側ではエネルギーは一定に保たれる．

　力学の世界では，位置エネルギーと運動エネルギーの和を全エネルギーとして，これがつねに保存されていると考える．これを，**エネルギー保存則**という．熱力学の世界では，このエネルギー保存則をさらに一般化して

考える．それが，つぎに説明する「熱力学第一法則」である．

　図8.1の閉鎖系と周辺系との境界におけるエネルギーのやりとりを考える．閉鎖系内部において，状態1から状態2に変化するときに，系のもつエネルギーが U_1 から U_2 に変化し，その変化量を ΔU_{12} とすると，

$$\Delta U_{12} = U_2 - U_1$$

と表せる．ここで，U は系の全エネルギーから，物質のもつ運動エネルギーの全体を除いたもので，**内部エネルギー**と呼ぶ[*2]．ΔU_{12} は状態変化に伴う系の内部エネルギー変化である．系の内部エネルギー変化に伴い，閉鎖系の境界を通して，エネルギーが移動する．このエネルギーの移動のかたちとして仕事と熱がある．周辺系からされた仕事を w，周辺系からもらった熱を q とすると

$$\Delta U = w + q$$

と表現できる．ここで，U の変化が非常に小さいとき，上式を

$$dU = dw + dq \tag{8.1}$$

と書くことができる．dU, dw, dq はそれぞれ内部エネルギー，仕事，熱の微小な変化量を示している．この式(8.1)が，熱力学第一法則を数学的に表現した式である．

　閉鎖系と周辺系との境界を通して行われるエネルギーの移動により，孤立系全体においては，dU はつねに一定に保たれている．式(8.1)は dU, dq, dw の三つの量を使い，エネルギーの保存則を表現していることになる．ここで，dq および dw は変化の途中の経路に依存するが，それらの和 $dw + dq$ は dU に等しくなり，経路に依存しない状態関数になることが重要である．

日常の言葉とは意味が違う仕事，熱の概念

　熱力学では，エネルギーを表す仕事，熱という用語がよく使われる．ところが，日常的に使われる熱，仕事という言葉とは区別する必要がある．ここでは，熱力学における仕事，熱という用語の概念を見ていこう．

　自然科学の発達の歴史のなかで，熱と仕事の関係は追求され，「熱と仕事はエネルギー的に等価であること」が認められた．以前は，熱と仕事は別の概念であり，熱量の単位には cal (カロリー)が，仕事の単位には J (ジュール)が使われていた．しかし現在では，エネルギーの移動における形態が異なるだけであり，熱と仕事は同じエネルギーの単位で表現できると考えられている．その関係を示したのがつぎの式である．

[*2] 全体としての動きとは別に，物質内部の分子レベルの動き，たとえば分子の回転や伸縮などは内部エネルギーに含まれる．

👉 **one rank up !**
状態関数
たとえば，仕事量は最初の状態から最後の状態までの途中の経路を明確にしないと求めることができない．後述するが，圧力 P を一定として体積を ΔV だけ変化させたときの仕事量 $P\Delta V$ は，経路の途中でも P-V の関係が明確になっている場合に限り，求めることができる．

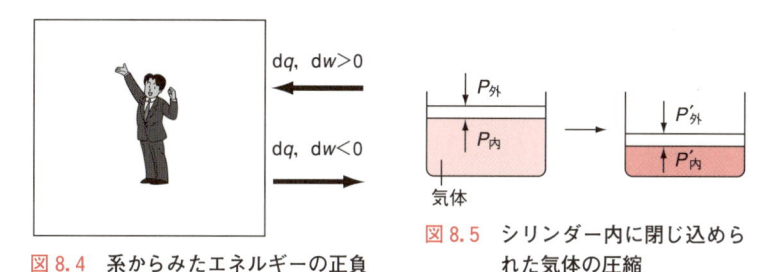

図 8.4　系からみたエネルギーの正負

図 8.5　シリンダー内に閉じ込められた気体の圧縮

$1 \text{ cal} = 4.184 \text{ J}$

ここで4.184を**熱の仕事当量**（J[J/cal]）と呼ぶ．現在では，エネルギーの単位は熱の場合も含め，J（ジュール）に統一されている（コラム「熱とは何か」も参照）．

熱力学第一法則の数学的表現である式(8.1)において，変数のもつ正負の符号について約束する必要がある．熱力学では，一般に図8.4のように，系の内部を中心にエネルギーの増減を見る．系の内部に自分自身を置いて考えるとわかりやすい．

境界を通してエネルギーが入る場合を正，でていく場合を負として，仕事と熱によるエネルギーの出入りをとらえる．たとえば，系内部から見て熱が入るときは$dq > 0$（吸熱），熱がでるときは$dq < 0$（発熱）となる．また，系に仕事がされるときは$dw > 0$，系が仕事をするときは$dw < 0$となる．

図8.5に示すような，シリンダー内に気体が閉じこめられたピストンを考える．外圧$P_{外}$を変化させるとシリンダー内の気体の体積が変化する．ここでは，気体を系（閉鎖系），その他を周辺系とし，周辺系全体は断熱されていると考える．シリンダー内部の気体の示す圧力$P_{内}$と外圧$P_{外}$がつり合っている状態から，外圧を$P_{外} \to P'_{外}$に大きくすると，気体の体積は減少

☞ one rank up!
カロリー
純水1 gを101.32 kPaの下で，14.5℃から15.5℃まで上げるのに必要な熱量を1 calという．カロリーの単位は，食品の熱量の単位として現在でも使われている．この場合，kcalをCal（大カロリーと呼ばれる）の単位で表し，たんにカロリーと呼ぶ．

☞ one rank up!
変数の正負
現象をとらえるとき，どの立場に立って（何を基準にして）測定するかは非常に重要である．これを誤ると，扱う数字の正負の符号が変わることがあるので注意を要する．数字の正負は，熱力学を学ぶときに，とくにつまずきやすい考え方なので，しっかり理解しよう．

コラム　熱とは何か

「熱とは何か」．長い間，この問いに多くの科学者が悩まされてきた．

熱と仕事の関係について貴重なヒントとなったのは，ランフォードという科学者が，兵器工場で大砲の穴をくりぬいていたとき，摩擦によって大量の熱が発生するのに気づいたことであった．これらのヒントから，熱と仕事は交換可能，すなわち同じ単位で測れることが結論づけられたのである．

18世紀末にトンプソンは熱の仕事当量（仕事は熱に換算するといくらになるか）を求めようとした．さらに，有名なジュールの実験とその後の実験精度の改善により，4.184 J（ジュール）の仕事が1 cal（カロリー）の熱に換算できることがわかった．

ジュールの実験は，おもりを落下させたときの仕事のエネルギーと撹拌による容器中の水の温度上昇が等しいところから，熱と仕事の関係を求めたものである．とても簡単な原理だが，歴史に残る実験となった．

しシリンダーが下がったところで新たなつり合いの状態をつくる．この間，系（気体）は仕事を「されて」おり，この仕事の分だけ系内のエネルギーは増加する．

可逆過程における仕事の計算

図8.5のように，圧力が$P_内 = P_外$の関係をつねに保ちながら（すなわち，平衡状態を保ちながら）シリンダーの体積を変化させる過程を**可逆過程**という．内部の圧力と外部の圧力がきわめて少しだけ違う状態で変化する場合と考えればよい．この場合のみ，仕事量を計算することができる．

平衡状態を完全に保ちながら変化させることは現実にはほとんど不可能であり，実際には平衡状態に限りなく近い準平衡状態で変化させていく．図8.5のシリンダー内の気体が圧縮された場合を想定して，仕事量の計算を行ってみよう．

体積がきわめて少しだけ圧縮されるような変化を考える．このときの仕事量dwは，体積の変化をdVとすると

$$dw = -P_外 dV \tag{8.2}$$

と表される．気体が圧縮される場合は，$dV<0$だから$dw>0$となる[*3]．系（気体）から見れば「仕事をされた」わけである．平衡を保ちながらシリンダー内の気体を圧縮しているので，$P_内 = P_外$のつり合いの条件を満たしていると考えてよい．この平衡条件を満たしているとき式(8.2)は積分可能で，その圧力（**平衡圧**という）をPとすると

$$w = -\int_{V_A}^{V_B} P dV \tag{8.3}$$

のように仕事量が計算できる．図8.6に$P = P_外$の平衡状態におけるP-Vの関係を示した．これを平衡曲線という．式(8.3)は，図中の赤い部分の面積を求める式である．

さらに，気体が理想気体の場合を考えてみよう．シリンダー内の気体を

*3　逆に，気体が膨張する場合は$dV>0$となる．

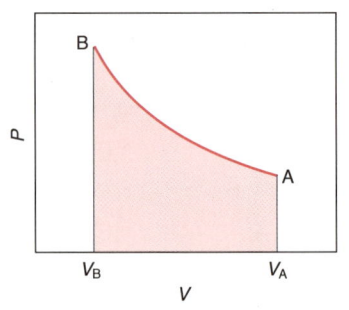

図 8.6　P-Vの平衡曲線を使った仕事の計算

理想気体と仮定すると，状態方程式 $PV = nRT$ が成立するので，体積が V_1 から V_2 に変化した場合，式(8.3)は

$$w = \int_{V_1}^{V_2} -PdV = -nRT \int_{V_1}^{V_2} \frac{dV}{V} = -nRT \ln V_2/V_1 \tag{8.4}$$

と書ける．

例題8.1 シリンダー内にある $1\,m^3$ の理想気体の体積が，$100\,kPa$ の下で5分の1まで圧縮されたとき，系(気体)にされた仕事量を求めよ．

【解答】 80 kJ

《解説》 式(8.3)より，系にされた仕事量 w は

$$w = -100\,kPa(0.2\,m^3 - 1.0\,m^3) = 80\,kPa\,m^3 = 80\,kJ$$

例題8.2 シリンダー内にある $1\,mol$ の理想気体の体積を，平衡を保ちながら，$T = 25\,℃(298\,K)$ で10分の1に圧縮した．このとき，系(気体)がされた仕事はいくらか．

【解答】 5.70 kJ

《解説》 式(8.4)より

$$w = -1\,mol \times 8.314\,J/K\,mol \times 298\,K\ \ln\frac{1}{10}$$
$$= -2477.57 \times (-2.302) = 5.70\,kJ$$

ただし，ln は自然対数を表し，$dV/V = d\ln V$ の関係を用いている．

8.3 エンタルピーを導入してエネルギーを考える

エンタルピー関数の導入

系のもつエネルギーの変化を考えるとき，つぎの二つの条件に分けて考えると便利である．

①系の圧力が一定(定圧)　　②系の体積が一定(定容)

通常，大気圧が一定の条件の下で現象を扱う場合が多いが，これは①の場合にあてはまる．また，変形しない容器内での変化を扱う場合は体積が一定に保たれるので，②の条件となる．

まず①の圧力一定の場合について考えてみよう．注目する独立な変数は

P(圧力)とT(温度)になる．ここで新たに式(8.5)で示す関数Hを定義する（Uは内部エネルギー）．

$$H = U + PV \tag{8.5}$$

Hはエンタルピーと呼ばれる状態関数，すなわち途中の経路を問題にせず，始状態と終状態できまる関数であり，内部エネルギーと同じエネルギーの単位(J)をもつ．

たとえば，状態1から状態2に変化したときのエンタルピーの変化量をΔH_{12}とすると，$\Delta H_{12} = H_2 - H_1$となる．同様に$\Delta U_{12} = U_2 - U_1$，$\Delta PV = (PV)_2 - (PV)_1$となる．したがって，圧力$P$を一定($\Delta P = 0$)とすれば，式(8.5)より，エンタルピーの変化量ΔH_{12}は，完全微分の性質を使って

$$\Delta H_{12} = \Delta U_{12} + P\Delta V + V\Delta P = \Delta U_{12} + P\Delta V \tag{8.6}$$

と書き直すことができる．

エンタルピー変化は，内部エネルギーの変化ΔU_{12}と，圧力Pの下での体積変化ΔVによる仕事量$P\Delta V$，の二つの和になる．式(8.6)からわかるように，エンタルピーHは一定圧力の下での熱の出入りを考えるときに有効な関数である．

一方，②の体積が一定の条件は，ボンベ熱量計といわれる体積一定の容器内で熱量を測定する場合などに相当する．体積が一定の場合には仕事をしないので，内部エネルギーの変化量dUは$dU = dq + dw$より，$dU = dq$となる．すなわち，体積一定下で熱量を測定すると，内部エネルギーの変化が求められるわけである．また，ΔUが求まれば式(8.6)よりエンタルピー変化ΔHも得られる．

定圧比熱と定容比熱

系の温度を変化させたとき，系のエネルギーがどのくらい変化するかの目安を与えるのが比熱(あるいは熱容量)である．定圧下および定容下における比熱はそれぞれ定圧比熱C_pおよび定容比熱C_Vと呼ばれ，偏微分を使って次式で定義される．

$$C_p = \left(\frac{\partial H}{\partial T}\right)_P \tag{8.7}$$

$$C_V = \left(\frac{\partial U}{\partial T}\right)_V \tag{8.8}$$

系が吸収する熱量は，定圧下ではエンタルピー変化ΔHに等しく，また定容下では内部エネルギー変化ΔUに等しいことがわかるだろう．

一般には，定圧比熱の方が定容比熱より大きな値になる．定容下では，

> **one rank up !**
> **完全微分**
> 状態関数は完全微分のかたちで表すことができる．たとえば二つの変数T，Vを含む状態関数$U(T, V)$を考える．このとき，偏微分を用いてつぎの完全微分のかたちで表すことができる．
>
> $$dU = \left(\frac{\partial U}{\partial V}\right)_T dV + \left(\frac{\partial U}{\partial T}\right)_V dT$$

> **one rank up !**
> **偏微分**
> 偏微分は，二つ以上の変数を含む関数を微分する方法である．たとえば，x，yの二つの変数を含む微分可能な関数$U(x, y)$を考える．二つ変数のうちどちらかを固定(定数と見なす)して他の変数で微分する．たとえば，yを定数とみなし，関数Uを変数xで微分する場合
>
> $$\lim_{\Delta x \to 0}\left(\frac{\Delta U}{\Delta x}\right) = \left(\frac{\partial U}{\partial x}\right)_y$$
>
> と表す．右下の添え字yはyが定数であることを示している．また，演算子∂は偏微分を示す記号である．

加えられた熱はすべて系の温度上昇に使われるが，定圧下では，加えられた熱の一部は系の体積膨張に使われるためである．

なお比熱は，物質1 molあたりを考えると(J/K mol)の次元をもつ．また，通常の実験では容器が開放されている(密閉されていない)場合が多く，このときは大気圧の下で実験を行うことになるので一定圧力(101.32 kPa)という条件を満たしていることになる．

例題8.3 理想気体の1 molについて定圧比熱C_p，定容比熱C_vを使って，$C_p - C_v = R$となることを証明せよ．

【解答】 式(8.7)，(8.8)のC_p，C_vの定義，式(8.5)の$H = U + PV$，およびモル数$n = 1$の場合の理想気体の状態方程式より

$$\frac{dH}{dT} = \frac{dU}{dT} + \frac{d(PV)}{dT}$$

$$C_p = C_v + \frac{d(PV)}{dT} = C_v + \frac{d(RT)}{dT}$$

$$\therefore \quad C_p - C_v = R$$

エンタルピー変化の求め方

ここでは，化学反応のエンタルピー変化を求めてみよう．孤立系における化学反応では，内部エネルギーが一定($\Delta U = 0$)となる．例として$H_2 + I_2 = 2HI$の反応を考えてみよう．

反応に伴うエンタルピー変化ΔHは$H_{生成系} - H_{反応系}$で求められる．すなわち，反応がすべて進行していると仮定すると

$$\Delta H = 2H_{HI} - (H_{H_2} + H_{I_2})$$

となる．通常，ΔHは1 molあたりの数値であり，反応式の係数も考慮していることに注意する必要がある．

つぎに，状態変化の場合について考えてみよう．たとえば，水は固体状態(氷)から液体状態(水)を経て，気体状態(水蒸気)に変化する．これを相変化と呼ぶ(4章を参照)．圧力一定の下(101.32 kPa)で，相変化を伴う場合のエンタルピー変化を表したのが図8.7である．図中の不連続な部分(破線)のところで相変化が起こっている．固体から液体に変化するとき，温度が一定のままエンタルピーが上昇している．液体から気体に変化するときも同様のことが起こっている．このように，温度一定のまま，物質の状態を変化させるような熱量を潜熱と呼ぶ．

式(8.6)を適用すると，一定圧力下では，エンタルピー変化ΔHは内部エネルギーの変化ΔUだけでなく，相変化の際の膨張，圧縮による$P\Delta V$の

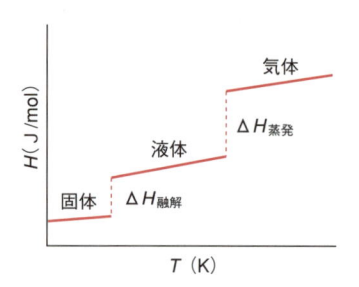

図8.7 状態変化に伴うエンタルピー変化

値が加算される．

図8.7の $\Delta H_\text{融解}$ および $\Delta H_\text{蒸発}$ はそれぞれ**融解エンタルピー**および**蒸発エンタルピー**と呼ばれ，圧力一定の下での相変化に伴う吸熱あるいは発熱の量を表し，潜熱に相当する．固体(凝集力が強い)から液体に相変化するとき，$\Delta H_\text{融解}$ だけ熱を吸収する．さらに気体に変化するときは，分子間の引力はより小さくなり，また相変化に伴う体積変化も大きくなるので，$\Delta H_\text{蒸発}$ は大きな値を示す．ΔH が正のとき吸熱，負のとき発熱となる．たとえば，揮発性の液体を手につけると，ひんやりと感じるが，これは揮発性の液体が蒸発するときに周囲から熱を奪う(吸熱 $\Delta H>0$)ためである．

例題8.4 25℃において，エタノール1 molあたりの蒸発熱を求めよ．ただし，エタノールの沸点は78.3℃，蒸発の ΔH は38.6 kJ/mol，液体の定圧比熱は111.4 J/K mol，気体の定圧比熱は73.60 J/K molである．

【解答】 40.6 kJ/mol

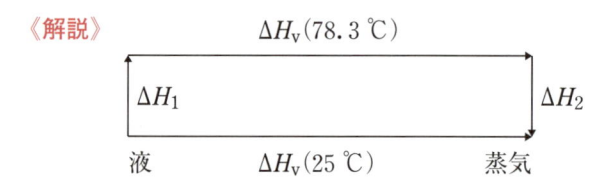

《解説》

$$\Delta H_\text{v}(25\,℃) = \Delta H_1 + \Delta H_2 + \Delta H_\text{v}(78.3\,℃)$$
$$\Delta H_1 = C_\text{p}(液体) \times (78.3 - 25) = 5937.6\,\text{J/mol}$$
$$\Delta H_2 = C_\text{p}(気体) \times (25 - 78.3) = -3922.8\,\text{J/mol}$$
$$\Delta H_\text{v}(25\,℃) = 5937.6 - 3922.8 + 38600 = 40.6\,\text{kJ/mol}$$

したがって，エタノールの蒸発熱は40.6 kJ/molとなる．

熱化学の考え方

ここまでに学んだ熱力学の基礎を使って，物質が化学変化するときに生じる熱の出入りを考える「熱化学」について学んでいこう．化学変化により，

8.3 エンタルピーを導入してエネルギーを考える

原子や分子の結合はさらに安定な結合状態になるが，熱化学では，この変化の際に生じる熱に注目する．

物質が化学変化をすると，反応物のもつエネルギーと生成物のもつエネルギーの差が，反応の際の反応熱(発熱または吸熱)となって現れる．図8.8に，気体の水素が酸素と反応して水蒸気になる発熱反応のエネルギーの関係を示す．

$$H_2(g) + \frac{1}{2}O_2(g) \longrightarrow H_2O(l) \quad \Delta H = -286 \text{ kJ/mol}$$

ここで，lは液体状態，gは気体状態を表す(固体状態を表すのはs)．反応が起こっている系を閉鎖系と考えると，生成物のもつエネルギーが反応物に比べて低いとき，反応に伴って周辺系に熱が移動(すなわち発熱)する．逆に，生成物のエネルギーの方が高いときは，周辺系から熱をもらう，すなわち吸熱が起こる．

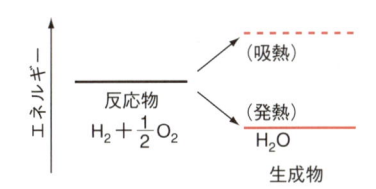

図8.8 反応に伴う吸熱，発熱

注目している反応の吸熱量，発熱量を求めるのに，すでに他の化学反応で求められているデータ(反応熱)を使うことができれば便利である．反応の条件が同じであれば，これが可能であることを示したのが**ヘスの法則**である．孤立系における熱力学第一法則(エネルギー保存則)と，エンタルピー関数が状態関数であることからヘスの法則が導かれる．すなわち，始状態と終状態だけでエンタルピーの変化量 ΔH は決まるので，温度と圧力が一定の下では，ある反応のエンタルピー変化 ΔH (吸熱量，発熱量に等しい)を求めるのに，別の経路による ΔH を使って計算することができる．

具体例として，メタン CH_4 1 mol が完全燃焼するときのエンタルピー変化 ΔH (符号を変えると**燃焼熱**[*4]になる)を求めてみよう．つぎの，CO_2(g)，H_2O(l)，CH_4(g) の生成エンタルピー(各成分元素の単体からつくる反応に伴うエンタルピー変化，p.133を参照)の値を用いる．

$$C(黒鉛) + O_2(g) \longrightarrow CO_2(g) \quad \Delta H_1 = -394.0 \text{ kJ/mol} \quad \cdots ①$$

$$H_2(g) + \frac{1}{2}O_2(g) \longrightarrow H_2O(l) \quad \Delta H_2 = -286.0 \text{ kJ/mol} \quad \cdots ②$$

$$C(黒鉛) + 2H_2(g) \longrightarrow CH_4(g) \quad \Delta H_3 = -74.0 \text{ kJ/mol} \quad \cdots ③$$

☞ one rank up !

エンタルピーの測定方法

熱の出入り q は，測定は容易であるが，状態関数ではない．また，状態関数である内部エネルギー U は $dU = dq + dw$ の関係からもわかるように，熱と仕事の両方が関係してくる．

$dq = dU - dw$ であるから，もらった熱 dq は内部エネルギーの増加と外部への仕事 $-dw$ に使われる．一方，エンタルピー関数は，$H = U + PV$ より，一定圧のときは，$\Delta H = \Delta U + P\Delta V$ となる．すなわち，ΔH は内部エネルギーから仕事に関する項を除いた，定圧，定温での熱の出入り q に等しくなる．さらに，体積一定 ($\Delta V = 0$) のとき ΔH は ΔU に等しくなる．すなわち，実験するときに，大気圧の下で定圧にし，同時に温度を制御して定温にすれば，測定された吸熱，発熱の量はエンタルピーの変化量に等しくなる．

[*4] 燃焼熱については「標準生成エンタルピー」の項を参照．

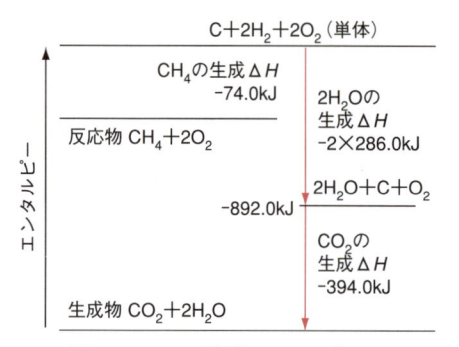

図8.9 ヘスの法則から ΔH 求める

(図: エンタルピー図
- C+2H₂+2O₂（単体）
- CH₄の生成 ΔH -74.0 kJ
- 反応物 CH₄+2O₂
- 2H₂Oの生成 ΔH -2×286.0 kJ
- 2H₂O+C+O₂
- -892.0 kJ
- CO₂の生成 ΔH -394.0 kJ
- 生成物 CO₂+2H₂O)

ヘスの法則を適用して上の式を整理する．②×2＋①－③より反応式④が求まり，エンタルピー変化 ΔH は，$\Delta H_2 \times 2 + \Delta H_1 - \Delta H_3$ から求まる．

$$CH_4(g) + 2O_2(g) \longrightarrow CO_2(g) + 2H_2O(l)$$
$$\Delta H = -2\times 286.0 - 394.0 + 74.0 = -892.0 \text{ kJ/mol} \quad \cdots ④$$

これを，エンタルピー変化を縦軸にして図示したのが，図8.9である．上記の四つの反応①～④では，ΔH はすべて負の値となっており，発熱反応となっていることがわかる．

以上より，ヘスの法則を利用すれば，さまざまな燃焼反応などの ΔH を使って，任意の化学反応の ΔH を求めることができる．

つぎに，高校で学ぶ**熱化学方程式**の熱量の正負と，エンタルピーの正負

コラム　身の回りで見られる発熱反応，吸熱反応

化学反応にともなう発熱，吸熱は一般に化学反応熱と呼ばれるが，酸と塩基が中和するときに生じる中和熱，固体や液体が溶媒に溶けるときに生じる溶解熱，酸素と反応して完全燃焼するときに発生する燃焼熱，化合物がその単体から生成するときの熱量である生成熱などに分類される．また，物理的な現象によって発熱が起こる例として摩擦熱もある．このような発熱，吸熱の現象を積極的に利用した身近な生活用品は多くある．

たとえば，カップ酒などの飲み物の加熱に，酸化カルシウム（生石灰）と水を反応させ水酸化カルシウムが生成するときの発熱（CaO 1モルにつき約64 kJ）が利用されている．また，市販されている熱冷ましシートには硝酸アンモニウムと水が含まれており，この両者が混ざるときに起こる吸熱反応（NH_4NO_3 1モルにつき約26 kJ）が利用されている．これらの例を化学反応式で表すと，つぎのようになる．

$$CaO + H_2O \longrightarrow Ca(OH)_2$$
$$\Delta H = -64 \text{ kJ/mol（発熱）}$$
$$NH_4NO_3 + aq \longrightarrow NH_4NO_3 \text{ aq}$$
$$\Delta H = 26 \text{ kJ/mol（吸熱）}$$

9章には，鉄粉が酸化するときの発熱（Fe 1モルにつき約400 kJ）を利用している携帯用カイロの話も載っているので参考にしてほしい．

との関係について考えてみよう．

熱化学方程式とは，化学反応式において，各物質の量的関係だけでなく熱の出入りも同時に表現した式である．したがって，化学反応式中に反応熱を書き加え，両辺を等号で結んで表す．一般に25℃，101.32 kPaにおける反応熱を右辺側に示し，発熱反応では正の値，吸熱反応では負の値とする．また，注目する物質の1 molあたりの反応熱で表す．

すなわち熱化学方程式では，吸熱量，発熱量Qを以下のように方程式のなかに取り入れて表現する．たとえば，つぎのような熱化学方程式を考える．

$$A + B = C + D + Q$$

すると，熱量Qをつぎのように表すことができる．

$$Q = A + B - (C + D)$$

ここで，A，B，CおよびDは反応に関与する物質を表しており，$Q>0$のときが発熱，$Q<0$のときが吸熱である．

一方，熱力学では図8.10に示すように，系を中心にしてエネルギーの変化をとらえる．熱力学では，この考え方を考慮して

$$A + B \longrightarrow C + D \quad \Delta H = \Delta H_{(C+D)} - \Delta H_{(A+B)}$$

のように，ΔH(エンタルピー変化)を方程式のなかに入れないかたちで表現する．

このように，ΔH(反応エンタルピー) $= -Q$(反応熱)となり，符号が逆になることに注意する必要がある．

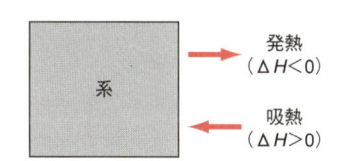

図8.10 エネルギーの正負のとらえ方
定温，定圧下でのΔHは吸熱，発熱量に等しい．

標準生成エンタルピー

各化合物の**標準生成エンタルピー**は，つぎのように定義される．

「標準状態〔101.32 kPa，298 K(25℃)〕において，化合物を単体の状態の元素から生成するときの反応に伴うエンタルピー変化」

まず，各元素について，もっとも安定な単体の状態をエンタルピーの原点(エンタルピー = 0)とする．さらに，標準状態において，ある物質が生成

するときのエンタルピー変化を標準生成エンタルピーとするわけである．たとえば，酸素の場合，もっとも安定な酸素分子 O_2 のエンタルピーを 0 とする．この場合，化合物を生成する単体は分子であってもよい．

具体的に，標準生成エンタルピー $\Delta H°_{生成}$ の値を化学反応式のかたちで見てみよう．

$$Fe + S \longrightarrow FeS(s) \qquad \Delta H°_{生成} = -100 \text{ kJ/mol}$$
$$Mn + O_2 \longrightarrow MnO_2(s) \qquad \Delta H°_{生成} = -520 \text{ kJ/mol}$$
$$Sn + \frac{1}{2}O_2 \longrightarrow SnO(s) \qquad \Delta H°_{生成} = -286 \text{ kJ/mol}$$

式中の(s)は固体(結晶)状態であることを示している．上の三つの反応では，ΔH はいずれも負の値を示し，発熱反応が起こっていることがわかる．また，MnO_2 および SnO が生成する反応は，酸素と化合する典型的な酸化反応(燃焼反応)である．この場合，$\Delta H°_{生成}$ は **標準燃焼熱** とも呼ばれる．

多くの化合物の場合，酸化反応から求めたエンタルピー変化 $\Delta H°_{生成}$ を使って，ヘスの法則により標準生成エンタルピーを求める．なお，各化合物の標準生成エンタルピーの値は化学便覧(日本化学会編，丸善)などに掲載されている．

> **one rank up !**
> **°印の意味**
> °印は，標準状態における値ということを示すために，変数の右上につけられている．圧力の標準状態は，$P° = 101.32$ kPa と決められている．温度については，一般には標準状態は指定されておらず，指定する場合は，たとえば $\Delta H°(298\text{ K})$ あるいは $\Delta H°_{298K}$ のように記す．熱化学では，25 ℃，すなわち 298 K を標準状態とする場合が普通である．

例題8.5 25 ℃における標準燃焼熱を用いて，プロパン C_3H_8 の標準生成エンタルピーを求めよ．ただし，プロパンの標準燃焼熱 ΔH を -2220 kJ/mol とする．また，つぎの値を用いよ．

$$H_2 + \frac{1}{2}O_2 \longrightarrow H_2O \qquad \Delta H_1 = -285.0 \text{ kJ/mol}$$
$$C + O_2 \longrightarrow CO_2 \qquad \Delta H_2 = -393.5 \text{ kJ/mol}$$

【解答】 $\Delta H = -100.5$ kJ/mol

《解説》 プロパンの標準燃焼熱より

$$C_3H_8 + 5O_2 \longrightarrow 4H_2O + 3CO_2 \qquad \Delta H_3 = -2220 \text{ kJ/mol}$$

問題文の2番目の式の両辺を3倍すると

$$3C + 3O_2 \longrightarrow 3CO_2 \qquad 3 \times \Delta H_2 = -393.5 \times 3 = -1180.5 \text{ kJ}$$

1番目の式を4倍すると

$$4H_2 + 2O_2 \longrightarrow 4H_2O \qquad 4 \times \Delta H_1 = -285.0 \times 4 = -1140.0 \text{ kJ}$$

上の2式を加えると

$$3C + 4H_2 + 5O_2 \longrightarrow 3CO_2 + 4H_2O$$
$$\Delta H_4 = -1180.5 - 1140.0 = -2320.5 \text{ kJ}$$

上式から燃焼反応の式を引くと

$$3C + 4H_2 - C_3H_8 - 5O_2 \longrightarrow 3CO_2 + 4H_2O - (4H_2O + 3CO_2)$$
$$\Delta H = \Delta H_4 - \Delta H_3 = -2320.5 - (-2220) \text{ kJ}$$

したがって，プロパンの標準生成反応式はつぎのようになる．

$$3C + 4H_2 \longrightarrow C_3H_8 \quad \Delta H = -100.5 \text{ kJ/mol}$$

結合のエンタルピー

結合エンタルピーという用語は結合エネルギーと同じ意味で使われ，つぎのように定義される．

結合 A–B が存在するとき，この結合を切断するのに必要なエネルギー

すなわち，定圧下において

$$A\text{-}B \longrightarrow A + B$$

の化学反応に伴うエンタルピー変化量 ΔH に相当する．A–B は A と B の間に化学結合が生じていることを表している．一般には，圧力101.32 kPa，温度298 K(25 ℃)の条件で考える．

結合エンタルピーは図8.11に示すように，安定な結合状態に対して外部からエネルギーを与えて結合を切断するエネルギーにあたるので，一般的には正の値(吸熱)になる．

水分子内の O–H 結合が切れる場合を例に考えてみよう．つぎの吸熱反応におけるエンタルピー変化量 ΔH°_{298K} が，1 mol あたりの O–H 結合 2 本の結合エネルギーとなる．したがって，O–H 結合 1 本あたりの結合エネルギーは半分の463.5 kJ/mol である．

$$H_2O \longrightarrow 2H + O \quad \Delta H^\circ_{298K} = 927.0 \text{ kJ/mol}$$

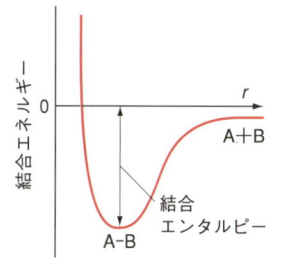

図8.11 結合エンタルピー
無限に離れた状態をエネルギーゼロとする．

結合エンタルピーを求めるとき，分子を原子に変える反応，すなわち原子化反応におけるエンタルピー変化が参考になる．たとえば

$$\tfrac{1}{2}O_2(g) \longrightarrow O(g) \quad \Delta H^\circ_{298K} = 249.2 \text{ kJ/mol}$$

の反応では，2原子分子気体である O_2 が吸熱反応により O 原子に解離(原子化状態)するが，このときのエンタルピー変化が原子化エンタルピーで生成する原子 1 mol の値で示す．標準生成エンタルピー，結合エンタル

ピー, 原子化エンタルピーの関係を図8.12に模式的に示す.

図8.12において A_2, B_2 が単体であるとすれば, ①の反応は標準生成エンタルピー, ②は原子化エンタルピー, ③は結合エンタルピーに対応する吸熱あるいは発熱を表している. なお, AおよびBは解離した気体状態となっている.

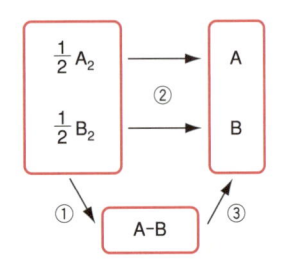

図8.12 標準生成エンタルピー①, 原子化エンタルピー②, 結合エンタルピー③の関係

例題8.6 CH_4(メタン)分子中のC-Hの結合エネルギー(結合エンタルピー)を, つぎの原子化エネルギー(原子化エンタルピー)や標準生成エネルギー(標準生成エンタルピー:結合1molあたりの値)を使って求めよ.
原子化エネルギー
  C(黒鉛):715.0 kJ/mol, H:217.9 kJ/mol
標準生成エネルギー
  メタン:-74.9 kJ/mol

【解答】 415.4 kJ/mol

《解説》 それぞれを反応式のかたちで書くとつぎのようになる.

$$C(黒鉛) \longrightarrow C(g) \quad \Delta H = 715.0 \text{ kJ/mol} \quad \cdots ①$$

$$\frac{1}{2}H_2(g) \longrightarrow H(g) \quad \Delta H = 217.9 \text{ kJ/mol} \quad \cdots ②$$

$$C(黒鉛) + 2H_2(g) \longrightarrow CH_4(g) \quad \Delta H = -74.9 \text{ kJ/mol} \quad \cdots ③$$

メタンの標準生成エネルギー〔標準状態(101.32 kPa)で原子から分子をつくるエネルギー〕を求めると

$$4H(g) + C(g) \longrightarrow CH_4(g)$$

① + ② × 4 − ③ より

$$\Delta H = -\{715.0 + 217.9 \times 4 - (-74.9)\} = -1661.5 \text{ kJ/mol}$$

したがって, C-H 結合の結合エネルギーは

$$\frac{1661.5}{4} = 415.37 \text{ kJ/mol}$$

固体が溶けるときの熱力学

固体が溶媒に溶ける際の熱力学について考察してみよう(液体が溶媒に溶ける場合も同様に考えてよい). 食塩(NaCl結晶)が水に溶ける場合を例にあげる.

まず, 食塩の結晶は Na^+ イオンと Cl^- イオンが静電気的な力で凝集して

典型的なイオン結晶を形成していると考える（1章および2章参照）．

溶質（NaCl）が溶媒の水に溶解していく過程は，大きく二つに分けられる．一つめは，NaClが各イオン Na^+，Cl^- に分離すること．二つめは，水との相互作用により安定する（水和エネルギーが寄与するため）ことである．

各イオンに分離するために必要な，外部からのエネルギーについて，まず考えてみよう．イオン結晶をバラバラにして，気体状のイオンに分離するのに必要なエネルギーを凝集エネルギーあるいは格子エネルギーという．NaClの場合には

$$NaCl(s) \longrightarrow Na^+(g) + Cl^-(g) \quad \Delta H = 770 \text{ kJ/mol}(=L)$$

となり，バラバラのイオンになるときには吸熱反応が起こることがわかる．

つぎに，このバラバラになったイオンが溶媒の水分子に取り囲まれ，水分子との結合が起こり安定化する水和という現象について考えよう．イオンが水和するときに発するエネルギーを水和エネルギー（一般には溶媒和エネルギー）という．NaClでは

$$Na^+(g) + Cl^-(g) + aq \longrightarrow Na^+aq + Cl^-aq$$
$$\Delta H = -767 \text{ kJ/mol}(=E)$$

となる．ここで，aqは溶媒の水を，gは気体状態を表す．

溶解に伴う反応熱である溶解熱あるいは溶解エンタルピーは $\Delta H = L + E$（L は凝集エネルギー，E は水和エネルギー）で表され，凝集エネルギーと水和エネルギーの和になる．一般に，L は正の値，E は負の値となる．したがって，固体が溶解するときに発熱するか吸熱するかは，L および E の値の和である ΔH の符号で決まることになる．たとえば，L の値が E の値に比べて大きいとき，ΔH は正になり吸熱となり，E の値が負に大きいときは ΔH が負になり発熱となる．NaClの場合には溶解エンタルピー ΔH は $770 - 767 = 3 \text{ kJ/mol}$ となり，ごくわずかの吸熱反応となる．以上の関係を図8.13に示す[*5]．

[*5] このように，反応に伴うエネルギーの循環過程を表した図を，ボルン・ハーバーサイクルという．

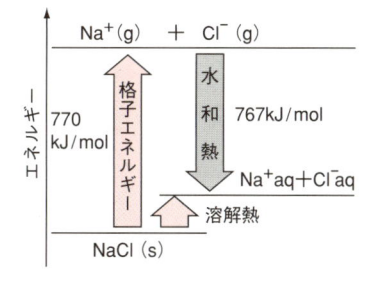

図8.13 NaClの溶解熱の求め方

8.4 エントロピーを導入し，熱力学第二法則を表現する

エントロピーを導入し，反応の方向を予測する

　熱力学の大きな課題は化学反応がどちらの方向に進むか予測することである．ところが，熱力学第一法則からは，孤立系におけるエネルギー一定の下での熱のやりとりしかわからない．平衡状態からの"ずれ"を表す関数があれば，反応の進む方向を知ることができる．

　ここで，そういう"ずれ"を表すことができるような，新しい関数を導入する．図8.6で示した平衡曲線に沿って変化するとき，すなわち平衡状態を保ちながら進んで行く場合，この過程は可逆過程といえる．このように平衡状態は可逆過程であるから，熱力学第一法則を可逆反応に適用すると

$$dU = dq_{可逆} + dw_{可逆} \tag{8.9}$$

となる．$dq_{可逆}$ および $dw_{可逆}$ は可逆過程における熱および仕事の変化量を表す．この $dq_{可逆}$ を使って，新しい関数 S を導入する．すなわち

$$dS = \frac{dq_{可逆}}{T} \tag{8.10}$$

と定義する．ここで S を**エントロピー**と呼ぶ．エントロピー S は(J/K)の次元をもつ．式(8.10)からもわかるように，エントロピーは可逆的な熱の出入り $dq_{可逆}$ から求めることができる．

　このように定義されたエントロピーは状態関数であり，「**熱力学第二法則**」の表現の一つである．また，T は熱力学的な温度を定義している．

　可逆過程における熱力学第一法則を表す式(8.9)を，式(8.10)の dS を使って書きかえてみよう．平衡圧を P とすると，$dw_{可逆} = -PdV$ となる．また，$dq_{可逆} = TdS$ だから

$$dU = TdS - PdV \tag{8.11}$$

となる．式(8.11)は熱力学第一法則および第二法則を同時に表している重要な式である．

エントロピー関数を状態方程式にあてはめる

　エントロピー関数 S を理想気体の膨張・圧縮に適用してみよう．理想気体は，温度が一定のとき内部エネルギーは変化しないので，式(8.11)において，$dU = 0$ が成り立ち，$TdS - PdV = 0$ となる．したがって

$$dS = \frac{PdV}{T} \tag{8.12}$$

☞ **one rank up !**

熱力学第二法則の表現

「熱力学第二法則」の別の表現として，後で述べる「孤立系において起こる変化は，必ず $\Delta S \geq 0$ となる」という表現が使われる場合があるが，本質的には同じことを意味している．

一方，理想気体の状態方程式 $PV = nRT$ より

$$dS = nR\frac{dV}{V}$$

ここで，体積が V_a から V_b に変化したとすれば，その間のエントロピー変化量 ΔS は

$$\Delta S = \int_{V_a}^{V_b} nR\frac{dV}{V} = nR \ln\frac{V_b}{V_a} \tag{8.13}$$

となる．ここで $V_b > V_a$ なら，$\Delta S > 0$ となる．すなわち，T 一定の下で体積が膨張すると，エントロピーは増加するということである．この理由を考えてみよう．

膨張により，系(気体)は外に対して仕事をするが，これにより失ったエネルギーを吸熱のかたちで補い，等温条件を保っている．このときの吸熱量が式(8.10)の dq に等しくなる．T 一定の下で気体の占有する体積が増加することにより，気体分子がより自由に動き回ることができエントロピーが増加すると考えられる．これと同様に，体積が一定でも温度が上昇するといろいろな速度をもった気体分子ができエントロピーが増加する．すなわち，気体分子の動きはより乱雑になり，これがエントロピーの増加に寄与する．詳しくは後述する．

状態変化に伴うエントロピー変化

状態変化の際のエンタルピー変化について8.3節で考えたが，同様に状態変化の際のエントロピー変化についても考えてみよう．

温度，圧力一定の下では，式(8.6)および式(8.11)より

$$dH = dU + PdV = -PdV + TdS + PdV = TdS$$

となり

$$dS = \frac{dH}{T} \tag{8.14}$$

が得られる．

状態 A から状態 B への変化(相変化)の場合，それぞれの状態の値を添え字「A」「B」を使って表すと

$$\Delta S_{AB} = S_B - S_A = \frac{H_B - H_A}{T_{AB}} = \frac{\Delta H_{AB}}{T_{AB}} \tag{8.15}$$

となる．たとえば，液体から気体に変化する場合，ΔS_{AB} および ΔH_{AB} は，

それぞれ蒸発エントロピーおよび蒸発エンタルピーとよばれる．また，圧力が101.32 kPa のときの，その温度 T_{AB} は**標準沸点**とよばれる．同様に，固体から液体に変化する場合，ΔS_{AB} および ΔH_{AB} はそれぞれ融解エントロピー，融解エンタルピーといい，T_{AB} は**標準融点**とよばれる[*6]．

*6　通常の場合は，大気圧(101.32 kPa)下での性質を考える場合が多いので，沸点あるいは融点といえば標準沸点あるいは標準融点を指す．

例題8.7　氷の融解エンタルピーを 6.0 kJ/mol とすると，融解に伴うエントロピー変化はいくらか．

【解答】　22 J/K mol

《解説》　式 (8.15) より

$$\Delta S = \frac{6.0 \times 10^3}{273} = 22 \text{ J/K mol}$$

定圧下におけるエントロピー変化

圧力が一定の下で温度が変化するときに，物質のもつエントロピーがどのように変化するかを求めてみよう．

エンタルピー関数 H は状態関数なので，その完全微分より，P 一定の下 ($dP = 0$) では

$$dH = \left(\frac{\partial H}{\partial T}\right)_P dT + \left(\frac{\partial H}{\partial P}\right)_T dP = C_p dT$$

となる．また，式 (8.14) ($dS = dH/T$) より

$$TdS = C_p dT \quad \text{すなわち} \quad dS = C_p dT/T$$

となる．したがって，温度が T_1 から T_2 に変化したときのエントロピー変化 ΔS は

$$\Delta S = \int_{T_1}^{T_2} C_p dT/T \tag{8.16}$$

で求めることができる．ここで C_p を定数と見なすと，式 (8.16) を積分して

$$\Delta S = C_p \ln \frac{T_2}{T_1} \tag{8.17}$$

となる．これが，圧力一定の下でのエントロピーの変化を表す式である．

例題8.8　101.32 kPa の下で，0 ℃ の氷が 18 g ある．この氷を 100 ℃ の水蒸気にするときのエントロピー変化 ΔS はいくらか．ただし，氷の融

解熱 $\Delta H_1 = 5950\,\mathrm{J/mol}$，$100\,°\mathrm{C}$の水の気化熱 $\Delta H_2 = 47300\,\mathrm{J/mol}$，水の定圧比熱は$75.3\,\mathrm{J/K\,mol}$とする．また，水の標準融点を$273.2\,\mathrm{K}$，標準沸点を$373.2\,\mathrm{K}$とする．

【解答】 $171.9\,\mathrm{J/K\,mol}$

《解説》 式(8.15)より

$$\Delta S_1 = \frac{\Delta H_1}{273.2} = 21.77$$

$$\Delta S_2 = \frac{\Delta H_2}{373.2} = 126.7$$

$$\Delta S_{\mathrm{H_2O}} = \int_{273}^{373} C_\mathrm{p}\,dT/T$$

$$\therefore\ \Delta S_{\mathrm{H_2O}} = 75.3 \ln\frac{373.2}{273.2} = 23.47$$

$$\Delta S = \Delta S_1 + \Delta S_{\mathrm{H_2O}} + \Delta S_2$$
$$= 21.77 + 23.47 + 126.7 = 171.9\,\mathrm{J/K\,mol}$$

混合エントロピー

図8.14のように壁を隔てて2種類の気体が閉じこめられているとき，壁を取りはずすと2種類の気体は混ざりはじめ，時間がたてば気体は均一に混合する．気体が混合するとき，系の状態はどのような変化をしているのか考えてみよう．

いま，この2種類の気体が理想気体だと仮定すると，気体の膨張によるエントロピー変化を適用できる．図8.14において，2種類の気体XとYが，それぞれの容器にn_Xおよびn_Yモル含まれ，圧力Pを示しているとする．混合により圧力がPからそれぞれ分圧P_XおよびP_Yに変わったとする．混合により気体XおよびYのもつエントロピー変化ΔS_X，ΔS_Yは式(8.13)およびボイルの法則($PV = $一定)より

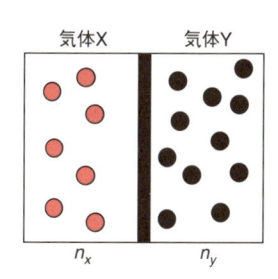

図8.14 気体Xと気体Yの混合

$$\Delta S_\mathrm{X} = n_\mathrm{X} R\,\ln\frac{P}{P_\mathrm{X}} \qquad \Delta S_\mathrm{Y} = n_\mathrm{Y} R\,\ln\frac{P}{P_\mathrm{Y}} \tag{8.18}$$

となる．系全体のエントロピー変化ΔS系は，エントロピーの加成性(p.122のone rank up!「加成性」を参照)より

$$\Delta S_{系} = \Delta S_\mathrm{X} + \Delta S_\mathrm{Y} = n_\mathrm{X} R\,\ln\frac{P}{P_\mathrm{X}} + n_\mathrm{Y} R\,\ln\frac{P}{P_\mathrm{Y}}$$

したがって，1 mol あたりの増加量は

$$\frac{\Delta S_{系}}{n_X + n_Y} = \frac{n_X}{n_X + n_Y} R \ln \frac{P}{P_X} + \frac{n_Y}{n_X + n_Y} R \ln \frac{P}{P_Y} \tag{8.19}$$

と表せる．式(8.19)は混合する気体の種類が多い場合でも成立する．

　また，$\Delta S_{系} > 0$ なので，気体が混合すると，系全体のエントロピーは増大することがわかる．後に述べるが，エントロピーが増大するので，気体はどんどん混合していくのである．以上の結果は，理想気体だけでなく，分子の形状に異方性がなく，分子間の相互作用が均一であれば液体でも成立する．

可逆過程に置きかえて不可逆過程のエントロピー変化を求める

　式(8.10)からわかるように，エントロピーの値を求めるには可逆過程における熱量の変化 $dq_{可逆}$ が必要であり，不可逆過程には適用できない．過冷却現象のような不可逆過程においてはどのようにしてエントロピー変化を求めたらよいであろうか．

　たとえば，0℃以下の冷凍庫から過冷却水を取りだして振動を与えると一瞬で凍るという現象は，同じ温度で元の水の状態には戻らないので，明らかに不可逆な過程である（図8.15の左図を参照）．この場合のエントロピー変化を求めるには，不可逆な過程をいくつかの可逆な過程に置きかえる必要がある．例として，$T = 270\,\mathrm{K}\,(-3\,℃)$ の過冷却水を考えてみよう．一定圧力(101.32 kPa)の下で，つぎのような過程に分解する．

① 270 K の水の温度をゆっくりと273 K まで上げる．
② 273 K のまま固化させる．
③ 273 K の氷を270 K までゆっくり下げる．

この様子を図8.15の右図にに示す．可逆過程におきかえた①から③におけるエントロピー変化をそれぞれ ΔS_1, ΔS_2, ΔS_3 とすると，式(8.14)および式(8.15)より

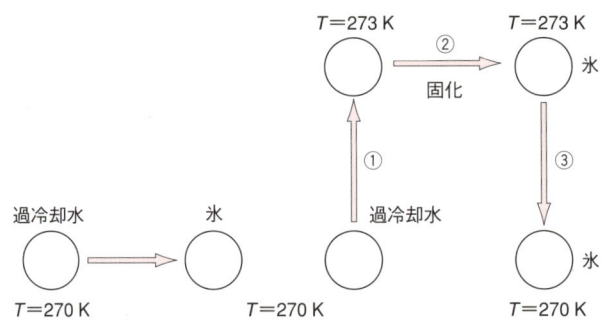

図 8.15 不可逆過程（左側）を可逆過程におきかえる

$$\Delta S_1 = \int_{270}^{273} \frac{C_{p(water)}}{T} dT$$

$$\Delta S_2 = \Delta H_m / T_m$$

$$\Delta S_3 = \int_{273}^{270} \frac{C_{p(ice)}}{T} dT$$

となる．ただし，$C_{p(water)}$ および $C_{p(ice)}$ はそれぞれ水および氷の定圧比熱，T_m は融解温度，ΔH_m は融解に伴うエンタルピー変化を示す．この①から③を総計（$\Delta S_1 + \Delta S_2 + \Delta S_3$）すると，エントロピー変化を求めることができる．

乱雑さの増加がエントロピーの増加

複数の気体が混合する場合や気体が膨張する場合には，いずれもエントロピーは増加することがわかった．このとき，気体分子の挙動に注目すると，より乱雑さが増したことがわかる．一般に「乱雑さの増加」は「エントロピーの増加」を引き起こす．

たとえば，気体が混合する場合を考えてみよう．いったん気体を混合すると，気体が完全に分離した状態（混合前と同じ状態）に戻ることは，確率的にはほとんどありえない．一方，混合することにより，乱雑な状態が実現することは確率的に高い．このように，「状態が実現する確率の大きい」方向へ変化することが「エントロピーの増加」に関係することがわかる．以上より，エントロピー関数のもつ性質をまとめるとつぎのようになる．

① 孤立系において起こる変化は必ず $\Delta S \geq 0$ であり，不可逆過程ではつねに $\Delta S > 0$，可逆過程における平衡時には $\Delta S = 0$ となる．
② エントロピーの増加は，**乱雑さの増加**（規則性の低下）に対応する．
③「状態が実現する確率の大きい」方向に変化するとエントロピーが増加する．

エントロピー関数のこのような性質は，熱力学の世界だけでなく，われわれの日常生活に見られる現象に適用することもできる．

たとえば，机の上の本の数が増えてくると，机の上はより乱雑になりエントロピーが増大していくことになる．これを整理して規則正しく本を並べるには，相当のエネルギーが必要となる．また，ガラスの容器はいったん割れる（乱雑さが増加する）とエントロピーは増大し，自然に放置して復元することはまずあり得ない．

> **one rank up !**
>
> **エントロピーと確率を結びつけたボルツマン**
>
> エントロピーを統計力学的に解釈することは重要である．ボルツマンは，ミクロな状態の総数を W として，エントロピー関数 S を
>
> $S = k \ln W$
>
> と表した．ここで，k はボルツマン定数，$\ln$ は自然対数である．この式は，確率とエントロピーを結びつける重要な式である．「乱雑さの増加」と「エントロピーの増加」の関係は統計力学の立場から説明される．ボルツマンの墓石には，彼の業績を讃え「$S = k \ln W$」が記されている．

8.5 エントロピーの原点を示す熱力学第三法則

熱力学第三法則の導入

いろいろな反応や状態変化についてエントロピーを考察していくには，エントロピーの原点を定義すると便利である．そこで，つぎの熱力学第三法則が登場する．**熱力学第三法則**は「絶対温度0Kでは，完全結晶のもつエントロピーはゼロである」という法則である．すなわち，$S(0\,\mathrm{K}) = 0$ と定義しているわけである．いいかえると「絶対温度0Kの下では，完全結晶性物質[*7]のすべての変化に対してエントロピー変化はゼロである」となる．

熱力学第三法則は，エンタルピーの原点を8.3節で定義したのと同じようにエントロピーの原点を示しているといえる．

[*7] ここでいう完全結晶性物質とは，欠陥構造をまったくもたない結晶で，完全な秩序性を保っている場合である．結晶でない物質，すなわち非晶質などは除外される．

化学変化におけるエントロピー変化

熱力学第三法則より，0Kにおける物質のエントロピー S はゼロである．このことを使って，化学反応におけるエンタルピー変化を求めたのと同様に，化学反応におけるエントロピー変化を求めてみよう．

まず，101.32 kPa，25℃(298 K)における各物質のエントロピー(この値は通常，**標準エントロピー**といわれ，$S°$ と表される)を，この圧力の下で0Kから298Kまで加熱されたときのエントロピーの増加分として，式(8.17)などを使って求めておく．ここで，たとえば

$$\text{反応式：A} + \text{B} \longrightarrow \text{C}$$

において

$$\Delta S = S_\mathrm{C}(\text{生成系}) - (S_\mathrm{A} + S_\mathrm{B})(\text{反応系}) \tag{8.20}$$

のように，反応系と生成系のエントロピーの差を求めると101.32 kPa，25℃(298 K)における化学反応のエントロピーの変化量が得られ，これを標準エントロピーとするわけである．

各物質の標準エントロピーの値は化学便覧等から得られる．このとき，エントロピーの値は物質の種類だけでなく，状態にも依存することに注意が必要である．

> **例題8.9** つぎの反応の標準状態〔101.32 kPa，25℃(298 K)〕におけるエントロピー変化を求めよ．ただし，$H_2(g)$，$O_2(g)$ および $H_2O(l)$ の標準エントロピー $S°$ は，それぞれ，130 J/K mol，205 J/K mol，70 J/K mol である．

$$2H_2(g) + O_2(g) \longrightarrow 2H_2O(l)$$

【解答】 -325 J/K mol

《解説》 式(8.20)より

$$\Delta S = 2S°_{(H_2O(l))} - 2S°_{(H_2(g))} - S°_{(O_2(g))}$$
$$= 2 \times 70 - 2 \times 130 - 205 = -325 \text{ J/K mol}$$

反応が起こっている「閉じた系」では $\Delta S<0$ となる場合があるが,「孤立系」(宇宙全体)では必ず $\Delta S>0$ となる.熱力学第二法則では $\Delta S \geq 0$ ($=$ は平衡時に成立) となるが, これは孤立系全体を見たときにあてはまることに注意しよう.

閉じた系におけるエントロピー変化を $\Delta S_{系}$, 周辺系におけるエントロピー変化を $\Delta S_{周辺}$, 孤立系全体のエントロピー変化を $\Delta S_{孤立}$ とすると

$$\Delta S_{孤立} = \Delta S_{周辺系} + \Delta S_{系}$$

の関係にある. したがって, $\Delta S_{孤立} \geq 0$ がつねに成立しているということは, $\Delta S_{系}$ が例題のようにたとえ負の値を示しても, 周辺系において正に大きなエントロピー変化 $\Delta S_{周辺系}$ が起こっていることを意味する.

章末問題

1. 10 mol の理想気体を大気圧 (101.32 kPa) から大気圧の 100 倍になるように圧縮したときの, 内部エネルギー変化 ΔU, エンタルピー変化 ΔH, 仕事量 w を求めよ.

2. エタノール C_2H_5OH 分子中の C-O の結合エンタルピー (結合エネルギー) を求めよ. ただし, エタノール (気体) がそれぞれの原子に完全に解離するのに必要なエネルギーは 3225 kJ/mol である. また, O-H 結合, C-H 結合, C-C 結合の結合エネルギーは, それぞれ, 463, 413, 348 kJ/mol とする.

3. エタノールの蒸発エンタルピーは 40.5 kJ/mol, 融解エンタルピーは 5.02 kJ/mol である. 蒸発および融解に伴うエントロピー変化 ΔS を求めよ. ただし, エタノールの標準沸点および標準融点は 351.7 K, 158.7 K である.

4. メタンガスの燃焼にともなうエンタルピー変化 ΔH を -891 kJ/mol とする. 標準状態の 2 m^3 のメタンガスの燃焼効率を 80 % とすると, この

エネルギーを使って何キログラムの水を20 ℃から50 ℃までに上げることができるか.

5 エタノール C_2H_5OH(l) の標準生成エンタルピーを，つぎの値を使ってもとめよ．

C_2H_5OH(l) の燃焼のエンタルピー $\Delta H = -1367$ kJ/mol
H_2(g) の燃焼のエンタルピー $\Delta H = -286$ kJ/mol
C(黒鉛)燃焼のエンタルピー $\Delta H = -394$ kJ/mol

6 つぎの反応のエンタルピー変化 ΔH を，反応に関与する物質の標準生成エンタルピーを用いて求めよ．

$$CO(g) + \frac{1}{2}O_2(g) \longrightarrow CO_2(g)$$

ただし，CO_2(g) および CO(g) の標準生成エンタルピーを -395.5 kJ/mol，-110.5 kJ/mol とする．

7 硫化亜鉛(ZnS)の酸化反応によるエンタルピー変化(燃焼のエンタルピー)を求めよ．ただし，燃焼はつぎの反応によるものとする．

$$ZnS + \frac{3}{2}O_2(気) \longrightarrow ZnO(固) + SO_2(気)$$

各物質の標準生成エンタルピー ΔH_0(298 K) はつぎの通り．

ZnS(固) $= -206.0 \times 10^3$ J/mol, ZnO(固) $= -348.3 \times 10^3$ J/mol,
SO_2(気) $= -296.3 \times 10^3$ J/mol

8 つぎの反応の標準エントロピー変化 ΔS を求めよ．ただし，各物質の標準エントロピーはつぎの通り．

$CaCO_3 \longrightarrow CaO + CO_2$
$CaCO_3$(固) $= 93.0$ J/K mol, CaO(固) $= 39.7$ J/K mol
CO_2(気) $= 213.6$ J/K mol

9 1.00 mol の気体Aと3.00 mol の気体Bを混合する．もし，混合しても化学反応が起こらないとすれば，エントロピー変化はいくらになるか．ただし，気体はいずれも理想気体とする．

9章 化学平衡

平衡状態については8章ですでに説明した．熱力学の目的は，平衡状態がどのような条件下で実現し，さらにどのような条件下で平衡点が移動するかを予測することである．8章で述べた熱力学第二法則は，変化の際，孤立系では $\Delta S \geqq 0$ になることを示しているが，これだけではわれわれの身近で起こっている現象について，その変化の方向を予測することは難しい．なぜなら，反応が起こっている「閉鎖系」のなかだけを考えると，$\Delta S < 0$ となる場合もありうるからである．孤立系全体の ΔS をつねに考えて，その正負を判断することは，事実上，困難な場合が多い．

そこでこの章では，化学反応や状態変化の方向を予測できる新しい状態関数である自由エネルギー関数を導入し，それについて学んでいこう．

9.1 自由エネルギー関数で変化を予測する

自由エネルギー関数の導入

放置した鉄は時間がたつと錆びる．これは，鉄が自発的に空気中の酸素や水と反応して，鉄の酸化物（Fe_2O_3）あるいは水酸化物〔$Fe(OH)_3$〕に変化したためである．このように，化学反応あるいは状態変化が自発的に起こるには，どのような条件が整えばよいのだろうか．その条件について，9.1節および9.2節で順に解説した上で，最後に熱力学的に考察してみよう．

P（圧力）と T（温度）が一定の下では，エンタルピー変化 ΔH を使うと便利であることは8章で述べた．さらにギブズは平衡状態とその変化の方向を予測する関数として，つぎの式を導入した．

$$G = H - TS \tag{9.1}$$

この G を**ギブズの自由エネルギー関数**といい，始状態と終状態で決まる状態関数の一つで，エンタルピーと同じエネルギーの単位をもつ．

この自由エネルギー関数は，いったいどういう経緯からでてきた式なの

ギブズ
（アメリカ：1839〜1903）

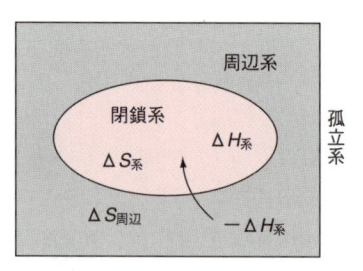

図 9.1 系と熱の出入り
孤立系全体のエントロピー変化と系(閉鎖系)内，周辺系のエントロピー変化との関係．

だろうか．順に見ていこう．

図9.1に示すように，孤立系のなかにある閉鎖系での変化を考える．8章ですでに述べたように，閉鎖系におけるエントロピー変化を$\Delta S_{系}$，周辺系におけるエントロピー変化を$\Delta S_{周辺}$とすると，孤立系全体のエントロピー変化$\Delta S_{全体}$は

$$\Delta S_{全体} = \Delta S_{系} + \Delta S_{周辺}$$

となる．温度，圧力が一定の下で，閉鎖系と周辺系において可逆的に熱の出入りがあるとすると，熱力学第二法則に基づくエントロピー関数の式が適用でき，可逆過程における熱の出入り$dq_{可逆}$を用いて

$$\Delta S_{周辺} = -\frac{dq_{可逆}}{T} = -\frac{\Delta H_{系}}{T}$$

$$\Delta S_{全体} = \Delta S_{系} - \frac{\Delta H_{系}}{T}$$

となる．ここで，周辺系から閉鎖系への可逆的な熱の出入りに相当する$dq_{可逆}$は，温度，圧力が一定の下では，エンタルピー変化$\Delta H_{系}$に等しい．熱力学第二法則によれば孤立系全体では$\Delta S_{全体} \geq 0$だから

$$\Delta S_{系} - \frac{\Delta H_{系}}{T} \geq 0$$

すなわち

$$\frac{\Delta H_{系}}{T} - \Delta S_{系} \leq 0$$

となる．ここでギブズの定義した式(9.1)の関数が意味をもってくる．すなわち，$G = H - TS$より，微小な変化に対して$\Delta G = \Delta H - T\Delta S$（$T$は一定）と表せる．上式の両辺を$T$倍すると

$$\Delta G = \Delta H_\text{系} - T\Delta S_\text{系} \leq 0 \tag{9.2}$$

となる．ここから，温度および圧力が一定のときは，$\Delta G \leq 0$（等号は平衡時に成立）の方向に変化することがわかる．この式(9.2)より，自由エネルギー関数 G を用いると，孤立系全体ではなく，変化の起こっている閉鎖系のなかでの変化 $\Delta H_\text{系}$ および $\Delta S_\text{系}$ を考えるだけで ΔG が得られ，変化の方向が予測できることになる．

ヘルムホルツの自由エネルギー

ギブズの自由エネルギーが温度と圧力が一定の下で変化の方向を表すのに対して，温度と体積が一定のときに用いられるのが**ヘルムホルツの自由エネルギー関数** A である．ヘルムホルツの自由エネルギー関数 A は

$$A = U - TS \tag{9.3}$$

と定義される．

自由エネルギー関数 A は状態関数なので，$dA = dU - TdS - SdT$ が成立する．

また，$H = U + PV$，$G = H - TS$ より，ギブズの自由エネルギーとヘルムホルツの自由エネルギーの間には，$G = A + PV$ の関係があることがわかる．

ヘルムホルツの自由エネルギーを導入すると，ギブズの自由エネルギー関数と同様に，孤立系全体で変化の方向を考えずに，変化の方向を知ることができる．すなわち，閉鎖系において，一定温度の下で，$dA = dU - TdS < 0$ が自発的な変化の方向，$dA = 0$ が平衡時の状態を表している．

また，熱力学第一法則と第二法則を結びつけた式(8.11) $dU = TdS - PdV$ を用いると

$$dA = -PdV - SdT \tag{9.4}$$

が得られる．

さらに，式(9.1) $G = H - TS$，式(8.5) $H = U + PV$，および式(8.11) $dU = TdS - PdV$ より

$$dG = VdP - SdT \tag{9.5}$$

が得られる．P が一定のとき $dP = 0$，T が一定のとき $dT = 0$ となるので，温度と圧力が一定のとき，式(9.5)は $dG = 0$ となり，平衡状態になっていることがわかる．

続いて，もっとも設定しやすい条件である，温度と圧力が一定の下での平衡条件を表すギブズの自由エネルギー関数 G の扱いについて考えてい

自由エネルギー関数による反応の予測

先に述べたように，定温，定圧下の化学反応において，ギブズの自由エネルギー変化 ΔG の正負により，反応の方向性がつぎのように決まる．

$\Delta G < 0$ のとき　　反応は正の方向（右方向）
$\Delta G > 0$ のとき　　反応は負の方向（左方向）
$\Delta G = 0$ のとき　　平衡状態

$\Delta G = 0$ のときは，正方向と負方向の反応の速度が等しい状態であり，反応が停止しているわけではない．これを動的平衡状態と呼ぶ．ここで，ギブズの自由エネルギー関数（式9.2）を見てみよう．第1項の ΔH，第2項の $-T\Delta S$ の値のかねあいで ΔG の符号が決まることがわかるだろう．

相平衡における自由エネルギー変化

つぎに，ギブズの自由エネルギー関数の具体的な使い方について見ていこう．ここまでに述べた関係は，化学反応だけでなく物質の状態変化，すなわち相平衡に対しても適用できる．ここでは，自由エネルギー変化をとらえるのに便利な温度と圧力が一定の条件下での相平衡を考えよう．

たとえば，水が氷（固体）から水（液体）に変化する場合を考える．氷および水の状態での自由エネルギーをそれぞれ G_S および G_L とすると，平衡状態では $\Delta G = 0$ なので，T および P の関数として

$$G_S(T, P) = G_L(T, P) \tag{9.6}$$

が成立する．

ここで，融点（m.p.）以下の温度では $G_S(T, P) < G_L(T, P)$ となっており，固体状態（氷）の方が安定である．同様に，融点以上の温度では $G_S(T, P) > G_L(T, P)$ となっており，液体状態（水）の方が安定である．図を使って，こ

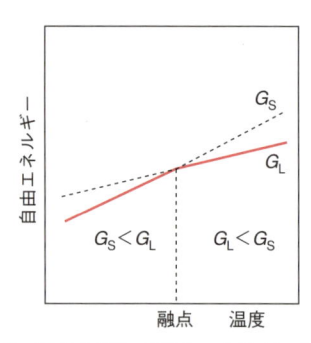

図9.2　固体と液体の自由エネルギーの比較

の関係を見てみよう．図9.2に，固体と液体の平衡状態における温度と自由エネルギーの関係を示す．融点を挟んで，低温側では $G_S(T, P) < G_L(T, P)$，高温側では $G_S(T, P) > G_L(T, P)$ となっており，それぞれの温度領域で，小さい自由エネルギーの値をもつ状態の方が安定であることがわかる．

さらに，平衡関係を保ちながら，温度と圧力の微少な変化 dT および dP により自由エネルギーもわずかに変化したとすると

$$G_S + dG_S = G_L + dG_L$$

となり，式(9.6)より $dG_S = dG_L$ が得られる．氷および水の状態でのエントロピーを S_S および S_L，また体積をそれぞれ V_S および V_L とすると，式(9.5)より

$$dG_S = V_S dP - S_S dT = V_L dP - S_L dT = dG_L$$

となり，dP と dT の比はつぎのように表せる．

$$\frac{dP}{dT} = \frac{S_L - S_S}{V_L - V_S}$$

ここで，$S_L - S_S = \Delta S$，$V_L - V_S = \Delta V$ とすれば

$$\frac{dP}{dT} = \frac{\Delta S}{\Delta V}$$

と表せる．また，$\Delta S = \Delta H / T$ が成立するので，平衡時は

$$\frac{dP}{dT} = \frac{\Delta H}{T \Delta V} \tag{9.7}$$

となる．この式(9.7)を**クラペイロン―クラウジウスの式**といい，一般の物質の状態変化にも適用される．ここで，ΔH は物質の状態変化における潜熱(融解熱，蒸発熱など)に相当する．

式(9.7)において，氷から水に変化するときの ΔH は正の値(吸熱)であるから，$\Delta V < 0$（例題9.1を参照）より，dP/dT は負の値を示すことになる．このことは，4章の水の状態図において融解曲線に注目すると，その傾きからもわかる．$dP/dT < 0$ からは，氷に圧力をかけると融点が下がり，溶けやすくなることがわかる．

ところで，水の状態図(図4.8)で融解曲線が右下がりになっているが，これはきわめて例外的な性質である．水の場合は，固体の方が液体よりも密度が小さいため，式(9.7)のクラペイロン―クラウジウスの式において，融解過程で $\Delta H > 0$（吸熱反応），$\Delta V < 0$（体積収縮）となり，$dP/dT < 0$ となるためである．一般の物質では固体状態の方が密度が大きいため，$\Delta V > 0$

となり，$dP/dT>0$ で右上がりの曲線となる．

> **例題9.1** 1 mol の氷が水へ変化するときの，体積変化量 ΔV を求めよ．
> ただし，氷および水の密度は，それぞれ 0.917×10^3 kg/m^3 および 0.998×10^3 kg/m^3 とする．

【解答】 $\Delta V = -1.59 \times 10^{-6}$ m^3/mol

《解説》 水 1 mol の質量 M は $\quad M = 18.0 \times 10^{-3}$ kg/mol

質量 M の氷の体積 V_1 は $\quad V_1 = \dfrac{M}{0.917 \times 10^3}$ m^3

質量 M の水の体積 V_2 は $\quad V_2 = \dfrac{M}{0.998 \times 10^3}$ m^3

したがって，氷から水に変化するときの体積変化 ΔV は

$$\Delta V = V_2 - V_1 = \dfrac{M}{0.998 \times 10^3} - \dfrac{M}{0.917 \times 10^3}$$
$$= -1.59 \times 10^{-6}\ \text{m}^3/\text{mol}$$

one rank up！
スケートでスイスイ滑れるわけ

アイススケートで氷の上を滑るとき，スケートのナイフエッジの部分には大きな圧力がかかり，氷が溶けやすくなる．クラペイロン―クラウジウスの式より，約100倍の圧力がかかると氷の融点は -0.75 ℃ まで下がる．圧力がかかって薄い水の層ができることにより，摩擦が急激に小さくなり滑りやすくなるのである．また，圧力が除かれると水は氷に戻る．しかし現在では，圧力だけでなく，氷の結晶構造による説明などもある．

スケートでスイスイ

9.2　化学反応の自由エネルギー変化を考察する

標準生成自由エネルギー

101.32 kPa，298 K（25 ℃）の標準状態において，化合物を単体の元素からつくるときの**標準生成自由エネルギー**は，同条件における標準生成エンタルピーと標準生成エントロピーを用いて，つぎのように定義される．標準生成自由エネルギーを $\Delta G°_{生成}$，標準生成エンタルピーを $\Delta H°_{生成}$，標準生成エントロピーを $\Delta S°_{生成}$ として

$$\Delta G°_{生成} = \Delta H°_{生成} - T\Delta S°_{生成} \tag{9.8}$$

ここで，標準生成エンタルピー $\Delta H°_{生成}$ の定義（8.3節を参照）にあるように，単体から単体に変化する場合は $\Delta H°_{生成} = 0$ となる．さまざまな物質の標準生成自由エネルギー $\Delta G°_{生成}$ の値は文献（化学便覧など）に掲載されている．

このとき，標準生成エンタルピーを $\Delta H°_{生成}$ や，標準生成エントロピー $\Delta S°_{生成}$ の値を用いて，式(9.8)より $\Delta G°_{生成}$ を求めると，温度 T との関係あるいは $\Delta H°_{生成}$ の符号より，吸熱や発熱，また温度依存性についての情報も得られる．

> **例題9.2** 101.32 kPa の圧力下における，メタンの標準生成自由エネ

ギーを求めよ．ただし，$\Delta S°_{生成} = -80.7\,\mathrm{J/K\,mol}$，$\Delta H°_{生成} = -74.9\,\mathrm{kJ/mol}$ とする．

【解答】 $-50.7\,\mathrm{kJ/mol}$

《解説》 $\Delta G°_{生成} = \Delta H°_{生成} - TS°_{生成}$
$= -74.7 - 298 \times (-0.0807) = -50.7\,\mathrm{kJ/mol}$

例題9.3 101.32 kPa，25 ℃において，メタンガスの燃焼に伴う自由エネルギー変化 ΔG を求めよ．ただし，メタンの燃焼に伴うエンタルピーは $-890.3\,\mathrm{kJ/mol}$，また，酸素ガス，メタンガス，二酸化炭素ガスおよび水の標準エントロピーは，それぞれ 205.0，186.2，213.6，69.9 J/K mol である．

【解答】 $-819.1\,\mathrm{kJ/mol}$

《解説》 反応式は $\quad CH_4 + 2O_2 \longrightarrow CO_2 + 2H_2O$
したがって，エントロピー変化は

$\Delta S = S_{CO_2} + 2S_{H_2O} - S_{CH_4} - 2S_{O_2}$
$= 213.6 + 2 \times 69.9 - 186.2 - 2 \times 205.0 = -242.8\,\mathrm{J/K\,mol}$

よって，$\Delta G = \Delta H - T\Delta S$ より

$\Delta G = -890.3 - 298 \times (-0.2428) = -819.1\,\mathrm{kJ/mol}$

自由エネルギー関数と化学平衡

化学反応の進行とともに，自由エネルギー関数 G がどのように変化するかを考えてみよう．標準状態の下での反応の $\Delta G°_{反応}$ は，反応物の標準生成自由エネルギー $\Delta G°_{反応物}$ と生成物の標準生成自由エネルギー $\Delta G°_{生成物}$ を使って，つぎのように定義される．

$\Delta G°_{反応} = \Delta G°_{生成物} - \Delta G°_{反応物}$

この式を使って $\Delta G°_{反応}$ を求めるときには，化学反応式における各物質の係数も考慮する必要がある．$\Delta G°_{生成物}$ および $\Delta G°_{反応物}$ は，複数の反応物，生成物が関与する場合でも，先に説明した標準生成自由エネルギーの求め方で得られる．

つぎに，化学平衡と自由エネルギーの関係について考えてみよう．すでに述べたように，温度と圧力が一定のとき，化学変化の方向と平衡状態の位置を決めているのがギブズの自由エネルギー関数 G である．具体的には，自由エネルギー関数 G が最小のときが平衡状態である．

それでは，具体的な反応式に沿って，自由エネルギーと平衡の関係を見

ていこう．反応物を A，B，生成物を C として，つぎの化学反応を考える．

$$aA + bB \rightleftharpoons cC$$

ここで，a，b，c は反応の係数を表す．温度と圧力が一定の下で反応が進行するときに，系全体の自由エネルギー G の値がどのように変化するかを図9.3に示す．縦軸は $-G$，横軸は反応の進行度 k を表し，$k = 0 \sim 1$ の値で示される．系全体の自由エネルギー G の値は

$$G = a'G(A) + b'G(B) + c'G(C)$$

で示される．$G(A)$，$G(B)$，$G(C)$ は物質 A，B，C の自由エネルギーで，反応の進行に伴い変化する．a' などの係数は，反応の進行度を考慮した値を用いる．一方，平衡に至る反応における自由エネルギーの変化量 ΔG は

$$\Delta G = cG(C) - aG(A) - bG(B)$$

で表される．図9.3より反応の進行に伴い，系全体の自由エネルギー G の値が変化することがわかる．

自由エネルギー G_x が極値をとるときに反応は平衡に達し，このとき，反応に伴う自由エネルギー変化 ΔG は 0 となる．結局，系全体の自由エネルギー G が最小のとき，反応に伴う ΔG が 0 で，平衡状態となり，もっとも安定な状態であるといえる．

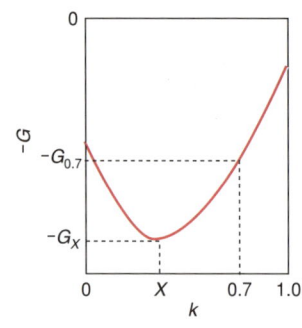

図 9.3 系全体の自由エネルギー G と反応の進行度 k の関係

☞ one rank up！
反応の進行度

簡単な例として，反応式の係数が $a = b = 1$，$c = 2$ の場合，反応の進行度 $k = 0.7$ のときを考えると，つぎのようになる．

```
     A  +  B  ⟶  2C
     1     1      0     (反応前)
   1-0.7 1-0.7 0.7×2  (k = 0.7)
 =  0.3   0.3    1.4
```

反応の進行度とは，このように，反応物のうちのどれだけの割合が反応したかを示した数値である．自由エネルギーは反応の進行度に伴って変化するので，a'，b'，c' の値も，反応の進行度によって変化する．

自発的に起こる反応を自由エネルギー変化から調べる

9.1節の冒頭で述べたように，空気中にさらされた鉄は時間がたてば錆びていく．これは自発的に起こっている化学反応といえる．この反応における自由エネルギー変化を考えてみよう．

☕ コラム　化学平衡からずれるとどうなる？

化学平衡の考え方は，身近な現象を理解する上でもたいへん重要である．

たとえば，炭酸飲料水が入ったビンの栓を抜くと，たくさんの気体が溶けきれずにでてくる．これは，容器のなかでは大気圧より少し高い圧力によって液体に溶けていた気体が，急に大気圧になって溶けきれなくなったためである（ヘンリーの法則）．いいかえれば，二酸化炭素の気体と液体間の気液平衡がずれたことになる．

また，高い山に急いで登ると高山病になる場合がある．これを化学平衡という観点から考えてみよう．

高い山では気圧が低いため，空気中の酸素の分圧も小さく，肺に送られる酸素の量も少なくなる．したがって血液に溶け込む酸素の量が減り，全身が酸素不足の状態となる．

これが高山病であり，酸素と血液間の気液平衡がずれたことになる．平衡がずれたあとは，新しい平衡状態に向かうことになる．

鉄が錆びるという現象は，酸化のされ方によっていくつかの化学反応に分類できるが，ここでは，標準状態におけるつぎの反応だけを考える．

$$4\text{Fe}(s) + 3\text{O}_2(g) \longrightarrow 2\text{Fe}_2\text{O}_3(s)$$

$\Delta G° = \Delta H° - T\Delta S°$ から $\Delta G°$ を求めるために，まず，$\Delta H°$ と $\Delta S°$ を計算する．

$$\Delta H° = 2 \times \Delta H°_{\text{Fe}_2\text{O}_3} - (4 \times \Delta H°_{\text{Fe}} + 3 \times \Delta H°_{\text{O}_2})$$
$$\Delta S° = 2 \times \Delta S°_{\text{Fe}_2\text{O}_3} - (4 \times \Delta S°_{\text{Fe}} + 3 \times \Delta S°_{\text{O}_2})$$

上記の式に，つぎの値を代入する．

$\Delta H°_{\text{Fe}_2\text{O}_3} = -824.2 \times 10^3 \,\text{J/mol},\ \Delta H°_{\text{Fe}} = 0\,\text{J/mol},$
$\Delta H°_{\text{O}_2} = 0\,\text{J/mol},\ \Delta S°_{\text{Fe}} = 27.3\,\text{J/K mol},$
$\Delta S°_{\text{O}_2} = 205.0\,\text{J/K mol},\ \Delta S°_{\text{Fe}_2\text{O}_3} = 87.4\,\text{J/K mol}$

計算すると

$$\Delta H° = -1648.4 \times 10^3 \,\text{J/mol},\ \Delta S° = -549.4\,\text{J/K mol}$$

となる．したがって，298 K のとき

$$\Delta G° = -1648.4 \times 10^3 - 298 \times (-549.4) = -1484.7 \times 10^3 \,\text{J/mol}$$

となる．$\Delta G° < 0$ なので，この反応（鉄が錆びる現象）は自発的に起こることがわかる．さらに，$\Delta H < 0$ より発熱反応であることもわかる．この反応による発熱が周辺系に与えられ，周辺系では，式(8.14)で求められるエントロピー変化 ΔS が大きくなる．上で求めた $\Delta S° = -549.4\,\text{J/K mol}$ は負の値であるが，周辺系の ΔS が正の値であるため相殺され，孤立系全体では正の値となる．すなわち，例題8.9でも述べたように，$\Delta S_{孤立系}(>0) = \Delta S_{周辺系}(>0) + \Delta S_{系}(<0)$ となり，孤立系全体のエントロピーが増大するため，鉄が錆びる現象は自発的に進行することがわかる．

9.3 平衡定数と自由エネルギー

平衡定数を定義する

つぎの化学反応(式9.9)において，それぞれの物質の濃度を[A]，[B]，[C]とする．

$$a\text{A} + b\text{B} \rightleftharpoons c\text{C} \qquad (9.9)$$

このとき，平衡定数 K は式(9.10)で表される．

☞ one rank up !
携帯用カイロ

鉄が錆びると発熱することを利用したのが携帯用カイロである．携帯用カイロには鉄粉だけでなく，触媒としての食塩，水のほか活性炭なども含まれている．カイロでの酸化反応は，おもにつぎの反応が起こっていると考えられる．

$$\text{Fe} + 3/4\,\text{O}_2 + 3/2\,\text{H}_2\text{O}$$
$$= \text{Fe(OH)}_3$$
$$\Delta H = -402\,\text{kJ}$$

$\Delta H < 0$ から，発熱反応であることがわかる．携帯用カイロはこの熱を利用している．

カイロとその中身

$$K = \frac{[\mathrm{C}]^c}{[\mathrm{A}]^a[\mathrm{B}]^b} \tag{9.10}$$

平衡定数は温度に依存する関数で，同じ温度では一定の値をとる．

平衡定数を圧力で表す

この反応が体積 V の理想混合気体で起こっているとすると，各物質の成分濃度はつぎのようになる．

$$[\mathrm{A}] = \frac{n_\mathrm{a}}{V} = \frac{P_\mathrm{a}}{RT}$$

$$[\mathrm{B}] = \frac{n_\mathrm{b}}{V} = \frac{P_\mathrm{b}}{RT}$$

$$[\mathrm{C}] = \frac{n_\mathrm{c}}{V} = \frac{P_\mathrm{c}}{RT}$$

ここで，n_a, n_b, n_c は各物質のモル数で，P_a, P_b, P_c は各物質の分圧である．これを，式(9.10)に適用すると

$$K = \frac{(P_\mathrm{c}/RT)^c}{(P_\mathrm{a}/RT)^a(P_\mathrm{b}/RT)^b} \tag{9.11}$$

となる．

理想気体がもつ自由エネルギーの考察

一方，簡単な例として，理想気体からなる系における，気体がもつ自由エネルギーについて考えてみよう．温度が一定，すなわち $dT = 0$ の場合，式(9.5)と理想気体の状態方程式から

$$dG = VdP - SdT \text{ より} \qquad dG = VdP$$

$$PV = nRT \text{ より} \qquad V = \frac{nRT}{P}$$

この二つの式から

$$dG = \frac{nRTdP}{P} = nRTd\ln P \tag{9.12}$$

となる．

式(9.12)を積分してみよう．ただし，積分定数を $G°$，そのときの圧力を $P°$ とする．

まず，式(9.12)を積分すると

$$G = C + nRT \ln P$$

ここで，C は積分定数を表す．$P = P°$ (101.32 kPa) のとき $G = G°$ なので，これを上式に代入すると

$$C = G° - nRT \ln P°$$

よって
$$\begin{aligned} G &= G° - nRT \ln P° + nRT \ln P \\ &= G° + nRT \ln \frac{P}{P°} \end{aligned} \tag{9.13}$$

ここで，積分定数として用いた $G°$ は，標準状態の圧力 $P°$ (101.32 kPa) での自由エネルギーの値である．ここでは理想気体を仮定しており，ドルトンの分圧の法則が成り立つので，式(9.13)中の P には，混合気体では各成分の分圧が用いられる．

平衡定数を用いて自由エネルギーを表す

つぎに，分圧を用いた平衡定数と式(9.13)で求めた自由エネルギーとの関係を考えよう．式(9.9)の反応に伴う自由エネルギー変化 ΔG は

$$\Delta G = cG_c - aG_a - bG_b$$

である．また，各成分 A, B, C の自由エネルギー G_a, G_b, G_c は，式(9.13)を使って，それぞれつぎのように求められる

$$G_a = G_a° + aRT \ln \frac{P_a}{P°}$$

$$G_b = G_b° + bRT \ln \frac{P_b}{P°}$$

$$G_c = G_c° + cRT \ln \frac{P_c}{P°}$$

ここで，$\Delta G° = cG_c° - aG_a° - bG_b°$ とおくと

$$\Delta G = \Delta G° + RT \ln \frac{(P_c/P°)^c}{(P_a/P°)^a (P_b/P°)^b} \tag{9.14}$$

と表すことができる．自然対数のなかは，平衡状態（$\Delta G = 0$）のときには分圧で示した平衡定数に等しく，これを K_p とする．すなわち，つぎのように K_p をおく．

$$K_p = \frac{(P_c/P°)^c}{(P_a/P°)^a (P_b/P°)^b}$$

これを，式(9.14)に適用すると

$$\Delta G° = -RT \ln K_p \tag{9.15}$$

となる．この式(9.15)が分圧を用いた平衡定数 K_p と自由エネルギー変化 ΔG の関係を表している．

例題9.4 $H_2 + I_2 \rightleftarrows 2HI$ における H_2, I_2, HI の分圧をそれぞれ P_H, P_I, P_{HI} として，平衡定数 K を分圧を用いて表せ．

【解答】 $K = \dfrac{P_{HI}^2}{P_H P_I}$

《解説》 式(9.11)より

$$K = \frac{(P_{HI}/RT)^2}{(P_H/RT)(P_I/RT)}$$
$$= P_{HI}^2/P_H P_I$$

9.4 物質の活力を表す化学ポテンシャル

化学ポテンシャルの導入

簡単にいえば，**化学ポテンシャル**とはその物質のもつ化学的な活力を表しており，化学ポテンシャルが大きいほど，化学反応を起こしやすいといえる．

開放系において物質が化学反応を起こして化学組成が変化する場合，境界を通して物質が移動することがある．たとえば，相の間で物質移動が起こり，各相中のある成分が相間で平衡に達している場合もこれに相当する．このような，温度と圧力が一定の下で，化学反応にともなう物質移動を考慮した自由エネルギー関数として化学ポテンシャルが導入された．

化学ポテンシャルは，つぎの式で定義される．

$$\mu_i = \left(\frac{\partial G}{\partial n_i}\right)_{T, P, n_j} \tag{9.16}$$

添え字は，多成分系において温度，圧力が一定で，また i 成分以外の j 成分が一定であることを表している．式(9.16)は，純物質の場合，1 mol あたりのギブズの自由エネルギーに等しくなる．

章末問題

1 298 K において，酸素の圧力を 101.32 kPa から 1013.20 kPa までに変化させたとき，酸素 1 mol の自由エネルギー変化を求めよ．ただし，酸素気体を理想気体と見なす．

2 298 K における，つぎの反応の標準生成自由エネルギーを求めよ．

$$CO_2 + C(黒鉛) = 2CO$$

ただし，標準生成エンタルピー $\Delta H°$ は

CO：-111 kJ/mol
CO_2：-394 kJ/mol

また，標準生成エントロピー $\Delta S°$ は

CO：198 J/K mol
CO_2：214 J/K
C(黒鉛)：5.7 J/K

とする．

3 298 K において，つぎの反応の標準自由エネルギーの値を求めよ．

$$N_2O_4(g) \longrightarrow 2NO_2(g)$$

ただし，標準生成エントロピー $S°$ は，$N_2O_4(g)$：304.2，$NO_2(g)$：240.0 J/K mol，標準生成エンタルピー $\Delta H°$ は，$N_2O_4(g)$：9.2，$NO_2(g)$：33.2 kJ/mol とする．

4 つぎの反応は，350 K（77 ℃）では，右に進むか，あるいは左に進むか答えよ．ただし，$\Delta H = 56.7$ kJ，$\Delta S = 0.176$ kJ/K mol とする．

$$N_2O_4(g) \rightleftharpoons 2NO_2(g)$$

5 つぎの反応の，25 ℃における $\Delta G°$ と K_p を求めよ．

$$2NO_2 \rightleftharpoons N_2O_4$$

また，逆反応

$$N_2O_4 \rightleftharpoons 2NO_2$$

を考えた場合の $\Delta G°$ と K_p を求めよ．

ただし，NO_2 および N_2O_4 の標準生成自由エネルギー $\Delta G°$ 生成は，それぞれ，51.30 kJ/mol, 97.82 kJ/mol とする．

参 考 図 書

1章　化学の基礎と原子の構造
大饗茂 他，「化学」，三共出版(1990)
齋藤昊，「はじめて学ぶ大学の物理化学」，化学同人(1997)
舟橋弥益男 他，「化学のコンセプト」，化学同人(2004)

2章　化学結合
齋藤勝裕，「絶対わかる化学結合」，講談社(2003)
井上祥平，「化学－物質と材料の基礎」，化学同人(1998)
多賀光彦 他，「新版　教養の現代化学」，三共出版(2003)
渡邉正義・米屋勝利 編著，「物質科学入門」，化学同人(2002)
J. バレット，今中信人 他訳，「原子構造と周期性」，化学同人(2004)
松林玄悦，「化学結合の基礎　第2版」，三共出版(1999)
G. I. ブラウン，鳥居泰男 訳，「初等化学結合論」，培風館(1973)

3章　化学反応と量的関係
春山志郎 監修，笹本忠・中村茂昭 編，「新編　高専の化学　第2版」，森北出版(2001)
岡島光洋，「理系なら知っておきたい化学の基本ノート物理化学編」，中経出版(2003)
大城芳樹・平嶋恒亮，「図表で学ぶ化学」，化学同人(1999)

4章　物質の三態
岡島光洋，「理系なら知っておきたい化学の基本ノート物理化学編」，中経出版(2003)
W. J. ムーア，細矢治夫・湯田坂雅子 訳，「基礎物理化学　上」，東京化学同人(1985)
渡辺啓，「新訂版 演習化学熱力学(セミナーライブラリ化学6)」，サイエンス社(2003)
齋藤勝裕，「絶対わかる物理化学」，講談社(2003)
久保田浪之介，「おもしろ話で理解する化学入門」，日刊工業新聞社(2003)

5章　反応速度
齋藤勝裕，「物理化学(わかる化学シリーズ2)」，東京化学同人(2005)
舟橋弥益男 他，「化学のコンセプト」，化学同人(2004)
田中潔・荒井貞夫，「フレンドリー物理化学」，三共出版(2004)

6章　酸と塩基

大饗茂 他，「化学」，三共出版(1990)

大川貴史，『高校化学とっておき勉強法—「なぜそうなるのか？」がわかる本』，講談社(2002)

数研出版編集部編，「視覚でとらえるフォトサイエンス化学図録　最新版」，数研出版(2003)

7章　酸化と還元

小島一光，「基礎固め　化学」，化学同人(2002)

田中潔・荒井貞夫，「フレンドリー物理化学」，三共出版(2004)

大饗茂 他，「化学」，三共出版(1990)

8章　熱力学の法則

W. J. ムーア，細矢治夫・湯田坂雅子 訳，「基礎物理化学　上」，東京化学同人(1985)

山口喬，「入門化学熱力学—現象から理論へ　改訂版」，培風館(1991)

M. M. アボット・H. C. ファン・ネス，大島広行 訳，「例題で学ぶ基礎熱力学」，マグロウヒル出版(1992)

C. R. メッツ，西敏夫 訳，「例題で学ぶ物理化学」，マグロウヒル出版(1993)

E. B. スミス，小林宏・岩橋槇夫 訳，「基礎化学熱力学」，化学同人(1992)

9章　化学平衡

P. W. アトキンス・M. J. クルグストン，千原秀昭・稲葉章 訳，「アトキンス物理化学の基礎」，
東京化学同人(1984)

和達三樹 他著，「ゼロからの熱力学と統計力学(ゼロからの大学物理5)」，岩波書店(2005)

村上雅人，「なるほど熱力学」，海鳴社(2004)

田中潔・荒井貞夫，「フレンドリー物理化学」，三共出版(2004)

索 引

A～Z

BTB	101
d 軌道	17
LCAO 法	24
n 型半導体	70
pH	98
pH 指示薬	101
p 型半導体	70
p 軌道	17
s 軌道	16
sp 混成軌道	28
sp^2 混成軌道	29
sp^3 混成軌道	31
X 線回折法	72
Z 因子	63

あ

アノード	118, 119
アボガドロ	46
——数	46
——の分子説	54
——の法則	49
アレーニウス	88, 94
——プロット	88
イオン	6
——化エネルギー	34
——化傾向	115
——化ポテンシャル	34
——化列	115
——間距離	36
——共鳴エネルギー	37
——結合	33
——結合性	38
——結晶	7
——式	7
——の価数	7
——半径	36
一次結合	23
陰イオン	6
エーロゾル	78
エネルギー準位	40
エネルギーバンド	40
エネルギー保存則	123
エマルジョン	78
塩基	93
塩基性	93
延性	40
塩析	79
エンタルピー	127
——関数	127
標準生成——	133
エントロピー	138
——関数	138

か

開放系	121
化学式	3
化学平衡	85
化学ポテンシャル	158
可逆過程	126, 142
可逆反応	85
化合物	2
加成性	122
カソード	118, 119
活性化エネルギー	87
活性化状態	87
価電子	20
価電子帯	69
過マンガン酸カリウム	114
過冷却	142
カロリー	125
還元	109
——剤	114
完全微分	128
気液平衡	66
希ガス型電子配置	20, 33
気体の分子運動	59
気体反応の法則	54
基底状態	28
起電力	119
希薄溶液	72
ギブズ	65
——の自由エネルギー関数	147
——の相律	65
逆浸透法	77
逆反応	85
強塩基	95
凝固点降下	75
強酸	95
凝縮熱	66
凝析	79
共鳴構造	32
共役塩基	105
共役酸	105
共有結合	23
極性分子	31
近距離規則性	72
金属結合	39
金属結晶	67
クラペイロン—クラウジウスの式	151
クロマトグラフィー	2
系	121
ゲイ・リュサック	54
係数	50
結合性分子軌道	24
結合のエンタルピー	135
結合力	26

原子	5
原子価	27
原子化エンタルピー	135
原子軌道	15
原子スペクトル	10
原子説	52
原子番号	8
原子量	45
元素	3
格子エネルギー	137
酵素	90
光電効果	11
固液平衡	75
黒鉛	4
孤立系	121
孤立電子対	27
コロイド	77
混合エントロピー	141
混合気体	58
混合物	1
根平均自乗速度	60

さ

再結晶	2
最大重なりの原理	26
最密充填構造	67
酸	93
酸塩基の価数	94
酸化	109
——還元反応	109, 114
——剤	114
——数	111
三次元網目構造	69
三重点	64, 65
酸性	93
示強性変数	122
式量	47
磁気量子数	13
σ 結合	24
指示薬	101
自乗平均速度	60
実在気体	61
質量数	8
質量保存則	52
質量モル濃度	73
弱塩基	95
弱酸	95
シャルルの法則	58
自由エネルギー関数	147
周期表	9
周期律	9
自由電子	39
充填率	68
自由度	65
周辺系	121
主量子数	12
純物質	1
昇華曲線	64
蒸気圧曲線	64
蒸気圧降下	72
状態関数	123, 124
蒸発エンタルピー	130
蒸発熱	66
蒸留	1
触媒	89
示量性変数	122
真性半導体	70
浸透圧	77
水素イオン指数	98
水素結合	40
水素電極	116
水和エネルギー	137
スピンの対生成	19
スピン量子数	13
正孔	70
生成物	50
正反応	85
絶縁体	69
節面	16
全圧	58
遷移元素	22
相図	64
相対質量	45
相変化	64
束一的性質	72
組成式	7
素反応	84
ゾル	78

た

体心立方格子	67
ダイヤモンド	4
多段階電離	96
ダニエル電池	119
単体	2
中性子	8
中和滴定	103
中和点	104
中和反応	102
——の量的関係	102
チンダル現象	78
定圧比熱	128
定常状態	122
定比例の法則	52
定容比熱	128
滴定曲線	104
電気陰性度	37
電気泳動	79
電子	8
——の存在確率	16
——配置	17
電子親和力	35
電子ボルト	34
展性	40
電池	115
——式	119
伝導体	69
伝導帯	69
電離定数	97
電離度	95
電離平衡	96
同位体	9
透析	78
同素体	4
動的平衡状態	150
ドルトン	52
——の分圧の法則	58

な

内殻電子	20
内部エネルギー	124
二次結合	23
乳濁液	78
熱化学方程式	132

熱の仕事当量	125	ファンデルワールスの状態方程式	63	飽和蒸気圧	66
熱力学第一法則	123			ホール	70
熱力学第三法則	144	ファント・ホッフの法則	77	ボルツマン	143
熱力学第二法則	138	フェノールフタレイン	101, 104	ボルン・ハーバーサイクル	137
燃焼熱	131	不可逆過程	142		

は

π結合	25	不揮発性物質	72	水のイオン積	98
排除体積	61	不均一反応系	83	水の状態図	64
倍数比例の法則	52	副量子数	12	無極性分子	31
パウリの排他律	13	不対電子	27	メチルオレンジ	104
パッキング	67	物質の三態	57	面心立方格子	67
波動関数	12	物質量	47	モル	47
波動方程式	11	沸点上昇	74	——凝固点降下	76
反結合性分子軌道	24	フラーレン	4	——濃度	48
半電池	116	ブラウン運動	78	——沸点上昇	74
半導体	69	ブレンステッド	105		
半透膜	77	ブレンステッド・ローリーの酸塩基の定義	105	## や	
反応		分圧	58	融解エンタルピー	130, 140
——経路	88	分子	5	融解エントロピー	140
——次数	84	——軌道	24	融解曲線	64
——速度	81	——結合軸	25	陽イオン	6
——速度定数	83	——式	6	陽子	8
——の進行度	154	——量	47		
——物	50	フントの規則	19	## ら	
非共有電子対	27	分離	1	ラウールの法則	73
非局在軌道	32	閉殻構造	20, 33	ラボアジェ	52
非電解質	73	平衡		乱雑さ	143
標準エントロピー	144	——圧	126	理想気体	57
標準状態	49	——曲線	126	——の状態方程式	58
標準生成エンタルピー	133	——原子間距離	36	律速段階	85
標準生成自由エネルギー	152	——状態	85, 122, 147	量子論	10
標準電極電位	116	——定数	86, 155	ルイス	106
標準燃焼熱	134	閉鎖系	122	——の定義	106
標準沸点	140	ヘスの法則	131	励起原子価状態	28
標準融点	140	ヘルムホルツの自由エネルギー関数	149	励起状態	28
頻度因子	88	偏微分	128	ローリー	105
ファンデルワールス力	40, 42	ボイルの法則	58	六方最密格子	67

● 著者紹介 ●

芝原　寛泰（しばはら　ひろやす）
1951年京都府生まれ．1976年京都工芸繊維大学大学院修士課程修了．その後，株式会社村田製作所，京都教育大学教育学部助手，ノースウェスタン大学材料工学部ポスドク研究員を経て，現在，2016年より京都教育大学名誉教授．工学博士．
専門は，物理化学，理科教育，電子線結晶学．おもな研究テーマは「マイクロスケール実験の開発と教育実践」，「理科教育における粒子概念の系統的導入の検討」，「ペロブスカイト型酸化物の結晶学的研究」など．

斉藤　正治（さいとう　まさはる）
1952年京都府生まれ．1975年京都大学工学部石油化学科卒．
3年間，製鉄会社に勤務した後，京都府立高等学校教諭を経て，現在，前京都教育大学客員教授．
専門は，物理化学，反応速度論．

大学への橋渡し　一般化学

2006年3月20日　第1版第1刷　発行
2021年2月10日　　　　　　第16刷　発行

検印廃止

JCOPY〈出版者著作権管理機構委託出版物〉
本書の無断複写は著作権法上での例外を除き禁じられています．複写される場合は，そのつど事前に，出版者著作権管理機構（電話 03-5244-5088, FAX 03-5244-5089, e-mail: info@jcopy.or.jp）の許諾を得てください．

本書のコピー，スキャン，デジタル化などの無断複製は著作権法上での例外を除き禁じられています．本書を代行業者などの第三者に依頼してスキャンやデジタル化することは，たとえ個人や家庭内の利用でも著作権法違反です．

著　者　芝原　寛泰
　　　　斉藤　正治
発行者　曽根　良介
発行所　㈱化学同人

〒600-8074　京都市下京区仏光寺通柳馬場西入ル
編集部　TEL 075-352-3711　FAX 075-352-0371
営業部　TEL 075-352-3373　FAX 075-351-8301
　　　　振　替　01010-7-5702
E-mail　webmaster@kagakudojin.co.jp
URL　　https://www.kagakudojin.co.jp
印刷　創栄図書印刷㈱
製本　清水製本所

Printed in Japan　© H. Shibahara, M. Saito　2006　　ISBN978-4-7598-1020-2
乱丁・落丁本は送料小社負担にてお取りかえいたします．

基本物理定数

量	記号および等価な表現	値
真空中の光速	c_0	299 792 458 m s^{-1}
真空の誘電率	$\varepsilon_0 = (\mu_0 c_0^2)^{-1}$	8.854 187 817 × 10^{-12} F m^{-1}
電気素量	e	1.602 176 53(14) × 10^{-19} C
プランク定数	h	6.626 069 3(11) × 10^{-34} J s
	$\hbar = h/2\pi$	1.054 571 68(18) × 10^{-34} J s
アボガドロ定数	L, N_A	6.022 141 5(10) × 10^{23} mol^{-1}
原子質量単位	$m_u = 1u$	1.660 538 86(28) × 10^{-27} kg
電子の静止質量	m_e	9.109 382 6(16) × 10^{-31} kg
陽子の静止質量	m_p	1.672 621 71(29) × 10^{-27} kg
中性子の静止質量	m_n	1.674 927 28(29) × 10^{-27} kg
ファラデー定数	$F = Le$	9.648 533 83(83) × 10^4 C mol^{-1}
リュードベリ定数	$R_\infty = me^4/8\varepsilon_0^2 ch^3$	1.097 373 156 852 5(73) × 10^7 m^{-1}
ボーア半径	$a_0 = \varepsilon_0 h^2/\pi m e^2$	5.291 772 108(18) × 10^{-11} m
気体定数	R	8.314 472(15) J K^{-1} mol^{-1}
セルシウス温度目盛のゼロ	T_0	273.15 K(厳密に)
標準大気圧	P_0	1.013 25 × 10^5 Pa(厳密に)
理想気体の標準モル体積	$V_0 = RT_0/P_0$	22.710 981(40) L mol^{-1}
ボルツマン定数	$k = R/L$	1.380 650 5(24) × 10^{-23} J K^{-1}

各数値の後のかっこ内に示された数は，その数値の標準偏差を最終けたの1を単位として表したものである．

SI 組立単位

物理量	名称	記号	定義
振動数	ヘルツ	Hz	s^{-1}
エネルギー	ジュール	J	kg m^2 s^{-2} = N m
力	ニュートン	N	kg m s^{-2} = J m^{-1}
仕事率	ワット	W	kg m^2 s^{-3} = J s^{-1}
圧力，応力	パスカル	Pa	kg m^{-1} s^{-2} = N m^{-2} = J m^{-3}
電荷	クーロン	C	A s
電位差	ボルト	V	kg m^2 s^{-3} A^{-1} = J A^{-1} s^{-1} = J C^{-1}
電気抵抗	オーム	Ω	kg m^2 s^{-3} A^{-2} = V A^{-1}
電導度	ジーメンス	S	A^2 s^3 kg^{-1} m^{-2} = Ω^{-1}
電気容量	ファラッド	F	A^2 s^4 kg^{-1} m^{-2} = A s V^{-1} = C V^{-1}
磁束	ウェーバー	Wb	kg m^2 s^{-2} A^{-1} = V s
インダクタンス	ヘンリー	H	kg m^2 s^{-2} A^{-2} = V s A^{-1} = Wb A^{-1}
磁束密度	テスラ	T	kg s^{-2} A^{-1} = V s m^{-2}
光束	ルーメン	lm	cd sr
照度	ルックス	lx	m^{-2} cd sr
線源の放射能	ベクレル	Bq	s^{-1}
放射線吸収量	グレイ	Gy	m^2 s^{-2} = J kg^{-1}